POUR OBTENIR

[illegible] ÈS SCIENCES NATURELLES

PAR

MAXIME CORNU,

Ancien élève de l'École normale,
Répétiteur de botanique à l'École pratique des hautes études, etc.
Secrétaire de la Société botanique de France.

[illegible] — MONOGRAPHIE DES SAPROLEGNIÉES.

[illegible] — PROPOSITIONS DONNÉES PAR LA FACULTÉ.

[illegible] 1872 devant la Faculté des sciences de P[illegible]

MM. HÉBERT, *Président* ;
DUCHARTRE,
DE LACAZE-DUTHIERS. } *Examinateurs*.

PARIS
IMPRIMERIE DE E. MARTINET
RUE MIGNON, 2
1872

N° D'ORDRE
335

THÈSES

PRÉSENTÉES

A LA FACULTÉ DES SCIENCES DE PARIS

POUR OBTENIR

LE GRADE DE DOCTEUR ÈS SCIENCES NATURELLES

PAR

MAXIME CORNU,
Ancien élève de l'École normale,
Répétiteur de botanique à l'École pratique des hautes études,
Secrétaire de la Société botanique de France.

1re THÈSE. — MONOGRAPHIE DES SAPROLÉGNIÉES.
2e THÈSE. — PROPOSITIONS DONNÉES PAR LA FACULTÉ.

Soutenues le 1872 devant la Faculté des sciences de Paris.

MM. HÉBERT, *Président;*
DUCHARTRE, DE LACAZE-DUTHIERS, } *Examinateurs.*

PARIS
IMPRIMERIE DE E. MARTINET
RUE MIGNON, 2
1872

ACADÉMIE DE PARIS

FACULTÉ DES SCIENCES DE PARIS

Doyen.	MILNE EDWARDS, Professeur.	Zoologie, Anatomie, Physiologie comparée.
Professeurs honoraires.	DUMAS.	
	BALARD.	
Professeurs.	DELAFOSSE.	Minéralogie.
	CHASLES.	Géométrie supérieure.
	LE VERRIER.	Astronomie.
	DELAUNAY.	Mécanique physique.
	P. DESAINS.	Physique.
	LIOUVILLE.	Mécanique rationnelle.
	HÉBERT.	Géologie.
	PUISEUX.	Astronomie.
	DUCHARTRE.	Botanique.
	JAMIN.	Physique.
	SERRET.	Calcul différentiel et intégral.
	H. SAINTE-CLAIRE DEVILLE.	Chimie.
	PASTEUR.	Chimie.
	DE LACAZE-DUTHIERS	Anatomie, Physiologie comparée, Zoologie.
	BERT.	Physiologie.
	HERMITE.	Algèbre supérieure.
	BRIOT	Calcul des probabilités, Physique mathématique.
Agrégés.	BERTRAND.	Sciences mathématiques.
	J. VIEILLE	Sciences mathématiques.
	PELIGOT.	Sciences physiques.
Secrétaire.	PHILIPPON.	

A

M. DUCHARTRE

Membre de l'Institut

Hommage de respectueux attachement.

Maxime CORNU.

PREMIÈRE THÈSE.

MONOGRAPHIE

DES

SAPROLÉGNIÉES

ÉTUDE PHYSIOLOGIQUE ET SYSTÉMATIQUE

PREMIER MÉMOIRE.

REPRODUCTION SEXUÉE

PREMIÈRE PARTIE.

INTRODUCTION.

La famille des Saprolégniées, qui constitue un petit groupe naturel de Champignons (1) aquatiques, a reçu successivement des accroissements de plus en plus considérables. Les mémoires sur ce sujet sont pour la plupart écrits en allemand et signés des noms les plus illustres, Schleiden, Unger, Braun, Pringsheim, de Bary. En France, M. Thuret (2) seul y consacra quelques pages et une planche; mais on peut dire que malgré la brièveté du texte, la beauté et l'exactitude merveilleuse du dessin tiennent la place de longs développements : rien de mieux n'a été fait en ce sens. Ces mémoires, disséminés dans divers journaux, sont consacrés à des espèces ou à des genres particuliers ; aucune étude générale de la famille n'a encore été faite.

Pendant l'automne de l'année 1868, j'eus, en Sologne, l'oc-

(1) Considérées autrefois comme faisant partie de la classe des Algues, elles sont placées aujourd'hui dans les Champignons. Les botanistes spéciaux qui partagent cette opinion sont MM. Tulasne et Thuret en France, de Bary en Allemagne.

(2) *Ann. sc. nat.*, 3e série, t. XIX, p. 229, pl. 22.

casion d'observer plusieurs espèces rares ou nouvelles : c'étaient l'*Achlya racemosa*, espèce récemment établie par M. Hildebrand dans le journal de M. Pringsheim (1) ; le parasite du *Wolffia arrhiza*, que nous avons décrit, M. Roze et moi, sous le nom de *Cystosiphon pythioides* (2) ; un *Achlya* nouveau, que je propose de nommer *A. recurva* (3) ; ces singuliers sporanges réticulés, considérés par M. Pringsheim comme donnant naissance à des androspores, et qui ne sont autre chose que les sporanges du *Dictyuchus monosporus* Leitgeb (4) ; une plante fort singulière, qui appartient à un genre nouveau, et que je propose de nommer *Monoblepharis polymorpha* (5). Toutes ces espèces se présentèrent, et plusieurs autres encore, dans l'intervalle de quelques semaines seulement. La richesse des matériaux ainsi récoltés par hasard m'engagea à tenter une étude complète de la famille ; c'est un sujet difficile, et j'étais peu sûr de le mener à bien : rien n'est aussi aléatoire que des travaux de ce genre, où la recherche des éléments est, aussi bien que leur étude, incertaine et livrée à tous les hasards. Les espèces doivent être observées vivantes (aucune, du reste, ne se trouve en bon état dans les collections) ; il a donc fallu les cultiver, apprendre à les élever et à les conserver en bonne santé. La durée très-limitée de leur existence, la rapidité de leur développement, l'incertitude de les retrouver, si l'on n'achève pas leur étude du premier coup, sont autant de causes d'insuccès. Aussi je réclame l'indulgence de ceux qui me liront : la difficulté était double ; car, d'une part, il fallait rechercher les matériaux, de l'autre en tirer parti, et le moindre obstacle pouvait ainsi entraver ou arrêter les recherches.

J'ai rencontré une partie des espèces mentionnées dans les auteurs qui m'ont précédé ; j'en ai trouvé quelques-unes de nouvelles, et je tiens pour certain qu'il y en a encore un grand

(1) *Jahrbuech. fuer wiss. Bot.*, t. VI, p. 249, trad. *Ann. des sciences nat.*, 5ᵉ série, t. VIII, p. 314.

(2) *Ann. des sc. nat.*, 5ᵉ série, t. XI, p. 72, pl. 3.

(3) Voyez plus loin, p. 22.

(4) *Jahrbuech. fuer wiss. Bot.*, t. VII, p. 357.

(5) Voyez plus lo[illegible] p[illegible]

nombre d'inconnues : leur connaissance pourra faciliter la solution de questions encore obscures et incomplétement élucidées, à l'aide de celles que l'on connaît actuellement.

La monographie que j'entreprends aujourd'hui se compose de plusieurs parties à peu près terminées, et qui sont les suivantes :

1° *Étude de la reproduction sexuée.*
2° *Étude de la reproduction asexuée (zoospores).*
3° *Étude systématique.*
4° *Physiologie et Biologie.*

L'*étude de la reproduction sexuée* est la partie la plus discutable et la plus importante; c'est par elle que je commence. On y rencontre des difficultés assez sérieuses, sur lesquelles les savants ne se prononcent pas encore nettement (1). Elle a lieu par le moyen de conceptacles remplis de spores provenant d'une fécondation. Tantôt l'organe mâle est constitué par des branches latérales terminées par une cellule (anthéridie) qui, selon M. Pringsheim, contient des anthérozoïdes; dans d'autres cas, selon le même savant, il n'y a pas de branches latérales, mais des anthéridies qui diffèrent suivant les genres. M. de Bary révoque en doute quelques-unes des idées de M. Pringsheim et recommande de nouvelles recherches.

Ces recherches, je les ai tentées, non pas tout d'un coup et directement, mais successivement et comme par surcroît, en étudiant chaque espèce. Je suis arrivé, petit à petit, à conclure qu'il y avait un grand nombre d'erreurs, même sur les faits capitaux de la théorie. Ces erreurs sont dues, soit aux difficultés inhérentes au sujet (et elles sont considérables), soit aux espèces, se prêtant mal à l'observation ; mais surtout aux matériaux souvent trop rares et trop incomplets, et aux vues de l'esprit trop rapidement acceptées comme la réalité des faits.

Si dans ce mémoire je contredis un des savants les plus distingués de l'Allemagne, si je lui oppose. sans nom et sans auto-

(1) De Bary, *Morph. und Phys. der Pilze*, 1866, p. 155, traduction *Ann. des sc. nat.*, 5e série, t. V, p. 333.

rité, mes jugements et mes observations, ce n'est pas par un puéril désir de critique; j'ai pour lui tout le respect dû à d'éminents travaux, mais il m'est impossible d'admettre des conclusions que je crois inexactes. En protestant ainsi de mon admiration pour lui, je combattrai la théorie qu'il a émise de la sexualité des Saprolégniées, calquée sur celle des Œdogoniées : et je demande en conséquence que les inexactitudes reconnues dans ce travail ne soient pas jugées avec trop de sévérité, puisque des botanistes du plus grand renom ont pu, sur ce sujet, tomber eux-mêmes dans l'erreur.

Ces études ont été faites en plusieurs endroits, soit à Paris, au laboratoire de la Faculté des sciences, soit à la campagne, en diverses localités, et dans ces dernières elles ont été particulièrement fructueuses.

Je dois ici remercier M. Duchartre, professeur de botanique à la Faculté des sciences et membre de l'Institut, de ses bienveillants conseils et de ses utiles encouragements qui ne m'ont jamais fait défaut, ainsi que M. Roze, vice-président de la Société botanique de France, qui m'a initié à la cryptogamie et de l'amitié duquel je m'honore.

L'étude de la reproduction sexuée nécessite un résumé succinct du mode de reproduction asexuée dans la famille des Saprolégniées. Cette partie sera traitée à fond dans un mémoire ultérieur; l'historique des travaux sur cette famille, qui ne serait pas ici à sa place, y sera développé avec détail; on peut, en attendant, se reporter à celui qui a été donné par M. Pringsheim (1), le sujet traité ici étant assez restreint et nettement limité pour ne pas l'exiger.

(1) *Entwickelung d.* Achlya prolifera (*Nova Acta Acad. C.L.C. Naturæ curiosorum*, 1851, t. XXIII, p. 397; —*Jahrbuech. fuer wiss. Bot.*, t. I, p. 284, traduction *Ann. des sc. nat.*, 4e série, t. XI, p. 349).

DE LA REPRODUCTION ASEXUÉE.

La reproduction asexuée s'effectue, dans la famille des Saprolégniées, par le moyen de *zoospores*, produites dans des cellules-mères spéciales qu'on nomme *sporanges*. Les sporanges sont formés par le cloisonnement d'une portion terminale, très-rarement intercalaire, de l'utricule unique, diversement ramifiée, qui constitue l'espèce. Le plasma qui s'est accumulé en cet endroit se divise ensuite en petites masses égales, dont chacune devient une zoospore : la division a lieu, soit dans l'intérieur, soit à l'extérieur du sporange.

Dans plusieurs espèces du genre *Peronospora*, qui rentre pleinement dans les Saprolégniées, les conidies (acrospores) ne sont pas des sporanges et ne produisent pas de zoospores : les unes germent en émettant directement un filament; les autres épanchent leur plasma au dehors, et c'est ce plasma, primitivement dénué de membrane, qui s'entoure d'une couche de cellulose et qui germe à son tour en émettant un filament. Ainsi, dans un même genre, les zoospores peuvent exister ou ne pas se présenter, et le cas cité en dernier lieu semble être l'intermédiaire entre les deux extrêmes. La dissémination des germes s'opère donc tantôt par le moyen de l'eau, tantôt par le moyen de l'air; cela montre le peu d'importance de l'appareil de locomotion de ces germes, considéré à un point de vue un peu élevé; la partie plasmatique seule est essentielle.

Les sporanges sont des cellules tantôt cylindriques irrégulières, tantôt ovoïdes, renflées, de forme constante dans certains genres (*Saprolegnia*, *Achlya*), de forme variable dans d'autres (*Pythium*, *Monoblepharis*).

D'après le mode de sortie des zoospores et leur conformation, on peut établir dans la famille des coupes très-naturelles (1). Les genres sont basés en général sur le mode de reproduction asexuée,

(1) Dans ce qui précède ou dans ce qui suit, plusieurs faits sont en contradiction avec les idées admises ou énoncées par certains auteurs; la discussion et la démonstration nous entraîneraient trop loin, elles seront reportées à un mémoire ultérieur.

et sur l'organe de végétation. Cette classification que je propose me semble tenir compte des affinités réelles des différents genres.

ÉTUDE DES GENRES.

Premier groupe.

a. *Saprolégniées non munies d'étranglements.* — Le genre *Saprolegnia* présente des sporanges cylindriques légèrement renflés vers le sommet ; les zoospores qui s'y forment sont ovales-acuminées, munies de *deux* cils antérieurs, d'un rostre transparent auquel ils sont fixés, comme chez les zoospores des Conferves (1), et d'une ou de plusieurs vacuoles latérales : leur mouvement dure peu, cinq minutes environ ; elles s'arrêtent, deviennent sphériques, perdent leurs cils et germent en émettant un filament. Dans d'autres cas plus rares et surtout non observés jusqu'à ces derniers temps, la zoospore, munie d'une membrane et formant une cellule sphérique, émet une zoospore de deuxième formation et *de forme différente.* Cette zoospore est réniforme aplatie, munie d'une vacuole médiane, excentrique, des bords de laquelle partent deux cils, l'un antérieur, l'autre postérieur plus long : c'est la forme connue des zoospores dans les genres *Achlya* et *Pythium* d'après M. de Bary.

J'ai observé cette germination dans les *Saprolegnia ferax* (Gruith.), *monoica* Pringsh., *asterophora* De By et *spiralis* (2) (spec. nova). C'est à tort que M. Leitgeb a cru devoir fonder un genre nouveau (3) (*Diplanes*) pour ce mode de germination, qu'il avait observé chez le *S. monoica.* J'avais avant lui observé, mais non publié ce fait, chez le *S. ferax.*

Une fois le sporange vidé, l'axe s'accroît au travers pour en former un autre, et ainsi de suite.

(1) *Cladophora, Draparnaldia.* Voy. Thuret, *Ann. des sc. nat.*, 1850, 3e série, t. XIV, p. 219, pl. 16.

(2) Le *S. spiralis* se distingue du *S. monoica* par les filaments porteurs des oogones le plus souvent contournés en hélice ; le nombre des oospores beaucoup moins nombreuses et souvent solitaires, présentant une couleur brune et non pas blanche.

(3) *Jahrbuech. fuer wiss. Bot.*, t. VII, p. 385, pl. XXIV, fig. 6.

Le genre *Achlya* Nees (1) présente avec le précédent les plus grandes analogies ; il est impossible de ne pas les confondre ensemble, quand les organes de reproduction manquent. Cette ressemblance est remarquable lorsque dans les autres genres l'appareil végétatif de deux espèces est en général très-différent. Le trait d'union entre les *Saprolegnia* et les *Achlya* a cependant échappé jusqu'ici à tous les botanistes.

Les zoospores sont de *deux sortes*, *comme chez les Saprolegnia*. Les premières, au lieu de se mouvoir pendant plusieurs minutes, ont juste assez d'agilité pour gagner l'ouverture du sporange : elles sont munies de deux cils antérieurs, visibles dans des conditions favorables. Elles adhèrent les unes aux autres en général par le moyen de ces cils : à l'ouverture du sporange, elles s'arrêtent, se disposent en une sphère creuse, formée de l'ensemble de toutes ces zoospores soudées, et elles y demeurent trois ou quatre heures en s'entourant d'une membrane. Au bout de ce temps, elles présentent, soit le premier mode de germination, qui consiste à s'allonger en filaments, soit le deuxième, et émettent alors des zoospores de deuxième nature. Au rebours des *Saprolegnia*, ce deuxième mode de germination est de beaucoup le plus fréquent ; chez les *Saprolegnia*, il faut des conditions particulières et un état florissant de la plante pour qu'il ait lieu.

Le nouveau sporange se forme par le cloisonnement de l'axe, qui s'accroît *latéralement* sous l'ancien.

Le genre *Aphanomyces* (2) n'en diffère que par ses sporanges très-grêles et très-allongés, où les zoospores sont disposées suivant une file unique.

Dans le genre *Dictyuchus* (3) Leitgeb, qui présente aussi avec les précédents une grande analogie, les zoospores de première forme ne sortent même plus du sporange, mais s'entourent sur place d'une membrane et émettent au dehors, en

(1) Carus, *Nova Acta nat. cur.*, 1813, t. XI, pl. II, p. 493. — De Bary, *Achlya prolifera* (*Bot. Zeitung*, 1852, p. 472). — M. A. Braun le nomme *Saprolegnia capitulifera* (*Verjuengung*, 1850, p. 201).

(2) De Bary, *Jahrbuech. fuer wiss. Bot.*, 1859, t. II, p. 170, pl. XIX et XX.

(3) *Jahrbuech. fuer wiss. Bot.*, t. VII, p. 357, pl. XXII.

perforant la paroi qui les renferme, des zoospores de deuxième forme; la membrane de la zoospore primitive demeure dans l'intérieur du sporange, et l'ensemble forme un réseau cellulaire d'où le nom du genre a été tiré : δίκτυον, réseau; ἔχειν, avoir. Comme il sera souvent question de sporanges analogues, je propose de les désigner sous le nom de *dictyosporanges* ou sporanges réticulés.

Une zoospore de première formation ne donne jamais naissance qu'à une seule zoospore de deuxième, dans les quatre genres cités ci-dessus : *Saprolegnia*, *Achlya*, *Aphanomyces* ou *Dictyuchus*.

Ainsi, dans le genre *Saprolegnia*, les sphérules vides abandonnées par les zoospores de deuxième nature sont libres; dans les genres *Achlya* et *Aphanomyces*, elles sont soudées en un capitule creux, à l'orifice du sporange; dans le genre *Dictyuchus*, elles remplissent le sporange d'un réseau cellulaire particulier.

Mais si pour une cause ou pour une autre, dans les genres *Saprolegnia* ou *Achlya*, les zoospores de première nature n'ont pu sortir et sont demeurées, soit en totalité, soit même en partie, dans le sporange, elles peuvent présenter le mode de germination en zoospores : de sorte que le sporange renferme un réseau cellulaire interne, comme dans le genre *Dictyuchus*; mais c'est une production anormale et dont l'explication est simple aujourd'hui. — La présence de deux sortes de sporanges, l'un vide, l'autre rempli de sphérules vidées, et par cela réticulé sur le même filament, n'a donc rien qui doive surprendre : on n'y doit pas attacher une grande importance.

M. Pringsheim a voulu en tirer des conclusions (1) particulières relatives à la sexualité; mais nous verrons plus loin ce qu'il faut en penser. Ces faux dictyosporanges diffèrent assez souvent de ceux du *Dictyuchus* en ce qu'ils sont formés de sphérules ne remplissant pas complétement le sporange, car une partie des zoospores de première nature sont souvent sorties, et il offre alors une ouverture à la partie supérieure. C'est justement l'un de ces cas qui a été représenté par M. Pringsheim (2).

(1) *Jahrbuech. fuer wiss. Bot.*, t. II, p. 214.

(2) *Loc. cit.*, pl. XXII, fig. 7.

Ainsi ces quatre genres présentent entre eux une étroite analogie qui n'avait pas encore été signalée et qui est mise nettement en évidence par la présence de zoospores à deux cils antérieurs chez les *Achlya*. M. Leitgeb l'avait cependant entrevue (1).

Dans le genre *Pythium*, chez le *P. monospermum* Pringsh., par exemple, le plasma s'épanche au dehors en refoulant devant lui l'extrémité du sporange et la couche située au-dessous, qui se gonflent sous son influence comme une bulle de savon et l'entourent d'une membrane mince que j'appelle la *vésicule*. Elle est située à quelque distance du plasma ; c'est dans son intérieur qu'il se fractionne en petites masses, qui deviennent des zoospores et en crèvent, pour sortir, la paroi peu résistante : cette dernière devient presque aussitôt indistincte, sauf à la base, qui persiste encore quelque temps.

Les zoospores sont semblables aux zoospores de deuxième nature des *Saprolegnia* et *Achlya*.

Dans deux espèces nouvelles, le *P. imperfectum* et *utriforme*, la sortie du plasma a lieu par l'extrémité d'un long tube, comme dans le *P. Cystosiphon*, mais la vésicule *crève normalement* après avoir acquis un développement très-faible (2).

On pourrait tirer de là une série de conclusions que je me réserve de développer à un autre endroit.

Chez le *P. proliferum* de Bary, la sortie des zoospores a souvent lieu comme chez le *P. monospermum* ; dans d'autres cas, les zoospores, toutes formées dans le sporange, s'échappent directement au dehors : la durée, depuis la rupture du sporange jusqu'à la dissémination des zoospores, n'est que de une à deux minutes, tandis que, dans l'autre cas, elle était de

(1) *Loc. cit.*, p. 386.

(2) Le *P. imperfectum* présente des sporanges sphériques, munis d'un long tube de sortie du plasma et situés à l'extrémité de filaments grêles comme ceux du *P. proliferum*.

Le *P. utriforme*, très-voisin, possède des sporanges également munis d'un long tube de sortie, mais ils sont toujours irréguliers, utriformes, réniformes allongés, et parfois intercalaires.

Ces deux espèces sont assez voisines du *P. Cystosiphon* (*Cystosiphon pythioides*), mais sont prolifères comme le *P. proliferum* de Bary.

vingt à trente minutes; la vésicule se montre encore, mais pendant quelques instants seulement.

Ce mode de sortie est identique avec celui qu'on observe dans les *Cystopus* et chez les *Peronospora* de la section qui présente des zoospores (1); seulement, dans ce cas, la vésicule n'est pas toujours nettement visible.

On voit l'analogie que présentent avec les *Pythium* les espèces dont les conidies émettent au dehors, sans produire de zoospore, le plasma de leur intérieur, lequel s'entoure d'une membrane et germe alors comme une conidie ordinaire (2).

Les zoospores, dans tous ces genres, germent en donnant lieu à un filament simple ou rameux dans lequel le plasma abandonne successivement les parties les plus âgées et s'en sépare par quelques cloisons; ou bien elles émettent des zoospores semblables à elles-mêmes (ex. *Pythium proliferum* et ses var.). Les deux modes de germination peuvent se présenter dans la même espèce.

b. *Saprolégniées munies d'étranglements.* — Les genres cités jusqu'ici sont constitués par des filaments cylindriques, mais il existe une série de genres parallèles aux premiers, qui présentent des utricules non cloisonnées, munies çà et là d'étranglements particuliers. Le type de cette structure se rencontre chez le *Leptomitus lacteus* Ag.

Parallèlement au genre *Saprolegnia* Nees, on peut citer le *Leptomitus lacteus* Ag. (3), et le *L. brachynema* Hildebr. (4), pour lesquels je propose d'établir le genre *Apodya* (5).

Le genre *Achlyogeton* (6) Schenk correspond aux *Achlya* Nees et *Aphanomyces* de Bary (7).

(1) De Bary, *Développement des Champignons parasites* (*Ann. des sciences nat.*, Bot., 4e série, t. XX, p. 19, pl. 3, fig. 3).

(2) Id., p. 38, pl. 7, fig. 3, 4, 11 et 12.

(3) D'après M. Pringsheim, *Jahrbuech. fuer wiss. Bot.*, t. II, p. 228, qui propose de le désigner sous le nom de *Saprolegnia lactea*.

(4) *Jahrbuech. fuer wiss. Bot.*, t. VI, p. 18, pl. XVI, fig. 13-23. — *Ann. des sc. nat.*, Bot., 5e série, t. VIII, p. 327, pl. 19, fig. 13-23.

(5) Du grec ἀποδύειν, quitter une enveloppe.

(6) *Bot. Zeitung*, 1859, p. 398, pl. XIII A.

(7) *Jahrbuech. fuer wiss. Bot.*, 1859, t. II, p. 170.

Aux divers *Pythium* Pringsh. correspondent les genres *Myzocytium* Schenk (1) et *Rhipidium* (2) (gen. nov.).

Ainsi, il y a deux séries dans lesquelles la sortie des zoospores est presque identique ; la forme d'une sorte de zoospores y est identique aussi, et une ressemblance générale réunit tous ces genres.

Deuxième groupe.

Monoblepharidées. — Il n'en est pas de même du genre *Monoblepharis* (3), dont il reste encore à parler et qui ne se relie à aucun des autres : il s'en distingue par la forme de ses zoospores et surtout par la constitution de ses filaments, qui ne pré-

(1) *Ueber das Vork. contr. Zellen im Pflanzenr.*, p. 10.

(2) Le genre *Rhipidium* (du grec ῥιπίδιον, éventail) est caractérisé par un support général formé de cellulose épaisse, sorte de filament basilaire irrégulier, duquel partent, en rayonnant, des filaments munis çà et là d'étranglements, comme le *Leptomitus lacteus* Ag. et le *Lept. brachynema* Hildebr. en présentent.

Les sporanges sont ovales et séparés du reste du filament par un étranglement oblitéré par un dépôt de cellulose formant une épaisse cloison.

Le plasma s'en épanche sous forme d'une masse cylindrique, large comme la moitié du sporange et deux fois plus longue. On reconnait bientôt qu'il est entouré d'une mince vésicule à parois transparentes ; les zoospores se séparent sur le champ, crèvent la vésicule et se dispersent dans l'eau (*Bulletin de la Société botanique de France*, t. XVIII, p. 58, séance du 24 mars 1871). Ce phénomène ne dure qu'un petit nombre de minutes. Ce mode de sortie rappelle celui que l'on observe chez certaines formes du *Pythium proliferum* de Bary. La structure des zoospores est la même, sauf des points de détail, que dans le genre *Pythium*.

Le deuxième mode de reproduction a lieu par oogones et par anthéridies. La gonosphérie est unique, étoilée ou un peu irrégulière ; après la fécondation, elle s'entoure d'une membrane *qui reproduit ce contour*. Par ce fait, le genre *Rhipidium* se distinguerait de toutes les autres Saprolégniées, si le support général n'était pas un caractère d'une plus haute importance encore.

Il y en a quatre espèces. Deux présentent une oospore etoilée. L'une est munie de filaments à étranglements nombreux (*Rh. interruptum*). Dans l'autre, il n'y a jamais qu'un seul étranglement à la base de chaque filament (*Rh. continuum*).

Dans une troisième espèce, l'oospore est à contour extérieur ondulé ; les articles, c'est-à-dire les intervalles entre deux étranglements successifs, ne sont pas cylindriques, mais claviformes et parfois très-allongés (1 millimètre) (*Rh. elongatum*).

Une dernière espèce, beaucoup plus rare et moins bien étudiée, présente certains sporanges (?) munis de pointes longues dirigées en haut ou en bas (*Rh. spinosum*).

(3) *Bulletin de la Société botanique de France*, t. XVIII, p. 59, séance du 24 mars 1871.— Le genre *Monoblepharis* (du grec βλεφαρίς, cil ; μόνος, unique) est caractérisé par des zoospores normalement munies d'un cil unique ; il n'y a pas d'autre exemple

sentent pas avec le chloro-iodure de zinc la réaction cellulosique que l'on peut observer dans tous les autres genres.

Tels sont les principaux faits que l'on rencontre dans l'étude de la reproduction asexuée. Ils seront développés plus complétementdans un autre mémoire.

Je propose donc de partager les Saprolégniées en plusieurs groupes : l'un comprenant les genres à filaments cylindriques, l'autre les genres à filaments munis d'étranglements et qui correspondent aux premiers. Dans tous ces genres on observe des zoospores réniformes communes à toute la série; ce sont les *Saprolégniées vraies*. Leur membrane est constituée par de la cellulose.

On aurait, d'un autre côté, les *Monoblepharidées*, composées jusqu'ici du seul genre *Monoblepharis* : la forme des zoospores et leur constitution, celle des spores sexuées, les éloignent des autres Saprolégniées et les rapprochent des Chytridinées, ainsi que l'absence de cellulose dans la membrane, qui les fait rentrer dans la généralité des autres Champignons.

Le deuxième mode de reproduction, ou reproduction sexuée, qui va nous occuper plus spécialement, nécessite un certain nombre d'organes qui sont les suivants :

1° Des cellules sphériques en général, à parois plus épaisses

de ce fait dans la famille des Saprolégniées. Le mode de sortie des zoospores est aussi spécial que leur constitution.

Le corps de la zoospore sort du sporange, le cil y restant encore engagé; par la traction qu'elle exerce pour l'en retirer, elle en fait sortir une seconde, puis, la seconde aidant aussi, une troisième; elle est libre alors et s'échappe dans le liquide. On voit ainsi, à l'ouverture des sporanges, où les zoospores sont disposées en file, trois d'entre elles imparfaitement libres et encore retenues par leur cil, dont des longueurs diverses pour chacune sont dégagées déjà; si, dans les sporanges, les zoospores sont disposées d'une autre façon, un plus grand nombre sort à la fois.

La reproduction sexuée a lieu par oogones et par *anthérozoïdes;* ces derniers sont identiques aux zoospores, de taille moitié moindre, et présentent un contenu moins riche en granules.

Il y en a trois espèces : l'une présente des sporanges prolifères, comme le *Pythium proliferum* de Bary; la reproduction sexuée n'y est pas connue : c'est le *M. proliferum* Les deux autres espèces, *M. sphærica* et *M. polymorpha*, seront étudiées en détail un peu plus loin.

que celles des filaments, constituent l'organe femelle : ce sont les *oogones.*

2° Ces oogones contiennent des spores sphériques, immobiles, munies, à la maturité, d'une enveloppe à double contour et qui germent après un long temps de repos : ce sont les *oospores.* Elles proviennent de la fécondation des *gonosphéries* par l'élément mâle.

3° Les *gonosphéries* (*Befruchtungskugel*) sont des globules sphériques, formés aux dépens du contenu plasmique de l'oogone, qui se concentre en une ou plusieurs masses égales. Elles sont dénuées de membrane avant la fécondation; cette dernière a pour effet de les transformer en cellules parfaites.

4° Dans les environs des oogones se développent certaines ramifications grêles, qui les entourent et s'appliquent sur eux : elles représentent l'organe mâle : on les appelle *branches latérales* (*Nebenaeste*) : leur extrémité renflée et isolée par une cloison constitue ce que Pringsheim appelle l'*anthéridie.*

Dans certains cas, les branches latérales manquent; il faut chercher ailleurs l'organe mâle. Ce cas sera étudié à part.

Les sujets traités successivement dans cette première partie le seront dans l'ordre suivant :

1° Description des oogones et des branches latérales adultes; leur développement.

2° Action réciproque de ces organes, c'est-à-dire fécondation.

3° Examen des cas dans lesquels manquent les branches latérales. Théorie de M. Pringsheim sur la sexualité des Saprolégniées.

4° Fécondation par anthérozoïdes véritables.

5° Des oospores; leur germination.

Enfin une étude aussi complète que possible sera faite des Chytridinées, parasites des Saprolégniées, pris jusqu'ici ou qu'on pourrait prendre pour des organes sexuels.

REPRODUCTION SEXUÉE.

HISTORIQUE.

Le premier qui rencontra des spores immobiles ou sexuées est Schleiden (1); M. Nægeli n'en dit que quelques mots (2): ni l'un ni l'autre ne les ont étudiées complétement.

Meyen et Kuetzing n'en parlent pas et semblent ne pas les avoir vues.

M. Al. Braun (3) décrit très-exactement les spores immobiles et leur formation. Il ne dit pas sur quelle espèce de *Saprolegnia* ont porté ses observations; il ne parle pas des ouvertures que présentent normalement les cellules qui renferment ces spores. Dans un autre endroit (4) il cite certains rameaux grêles qui entourent ces cellules, et qui lui semblent analogues aux cornicules des *Vaucheria;* mais leur présence n'est pas constante, ajoute-t-il, et il n'a constaté d'ailleurs aucun abouchement réel (*wirkliche Einmuendung*).

M. Thuret (5) décrit et représente les sporanges sphériques du *Saprolegnia ferax* remplis de spores immobiles; il signale les perforations naturelles des parois; il n'obtint pas le développement de ces spores.

M. Pringsheim (6), dans son étude du *S. ferax*, qu'il appelle improprement *Achlya prolifera*, confusion générale à cette époque, consacre plusieurs pages aux spores immobiles et aux sporanges sphériques qui les renferment, à leur formation et à la germination des spores. La description est plus complète que dans le mémoire précédent : il a observé les perforations du sporange sphérique, et prouve que ce n'est pas une simple

(1) *Grundz. erst. Aufl.*, 1845, II, p. 36.

(2) *Zeitschrift*, 1846, p. 29.

(3) *Verjuengung*, 1849-1850, p. 288.

(4) *Loc. cit.*, p. 318.

(5) *Ann. des sc. nat.*, Bot., 1850, 3e série, t. XIV, p. 231, pl. 22, fig. 11.

(6) *Die Entwickelungsgeschichte der* Achlya prolifera (*Nova Acta Acad. C. L. C. nat. curios.*, 1851, pars Ia, t. XXIII, p. 418).

apparence, mais que ce sont des ouvertures véritables. Cependant il affirme avoir trouvé de l'amidon dans l'intérieur des spores, fait que je révoque en doute. Il ne parle aucunement de ces branches latérales vues par M. Al. Braun, et ne cite même pas son mémoire, dont il n'avait pas connaissance, probablement, à cause de la date récente de la publication (1850).

M. de Bary (1) a de même observé les spores immobiles du *S. ferax* et celles de l'*A. prolifera*. Il considère les deux fructifications comme très-analogues. Il n'a, ni dans l'un, ni dans l'autre cas, rencontré de ces rameaux dont parle M. Al. Braun; il ne les signale pas du moins.

Plus tard, dans son premier mémoire sur la sexualité des Algues, M. Pringsheim (2) émet l'opinion que les spores immobiles sont dues à une fécondation, et que les perforations du sporange sont destinées à laisser passer les anthérozoïdes.

M. Al. Braun (3), dans une étude sur le genre *Chytridium*, revient sur les idées émises précédemment à propos des rameaux analogues aux cornicules des *Vaucheria*. Il représente le *Saprolegnia* sur lequel ont porté ses observations, et qui ressemble beaucoup à celui que je propose de nommer *S. spiralis*; il croit à l'existence d'anthérozoïdes contenus dans ces sortes de cornicules.

M. Pringsheim (4), dans un mémoire classique aujourd'hui, décrit les branches latérales d'une espèce nouvelle qu'il nomme *S. monoica*; il remarque que les extrémités des branches latérales (*Nebenaeste*) sont renflées, cloisonnées, qu'elles sont appliquées sur la cellule dilatée qui contient les spores, et il affirme que ces dernières proviennent de la fécondation de certains globules sans membrane par les anthérozoïdes sortis de la cellule renflée terminant la branche latérale.

(1) *Bot. Zeitung*, 1852, p. 473. Il distingue l'*A. prolifera* (*Sapr. capitulifera* A. Br.) du *S. ferax* (Gruith.).

(2) *Monatsberichte der k. Acad. d. Wiss. zu Berlin*, mars 1855, p. 156-157 Une analyse en a été donnée *Ann. des sc. nat.*, Bot., 4e série, t. III, p. 373.

(3) *Abhandl. d. physik. Klasse d. k. Acad. d. Wiss. zu Berlin*, juin 1855, p. 63, pl. V. — Un tirage à part en a été publié sous le titre : *Ueber Chytridium, eine Gattung einzelliger Schmarotzergewaechse auf Algen und Infusorien*. Berlin, 1856

(4) *Jahrbuech. fuer wiss. Bot.*, 1859, t. I, p. 202; trad. dans les *Ann. des sc. nat.*, 4e série, t. XI, p. 358, pl. 6.

Mais, pour employer la terminologie usitée aujourd'hui et les expressions de M. Pringsheim, appelons *gonosphéries* les globules non fécondés encore, *oospores* les spores produites par la fécondation, et *oogones* les organes qui les renferment. Quant aux branches latérales, elles sont terminées par une cellule que nous désignons avec l'auteur sous le nom d'*anthéridie;* la valeur de ce nom sera examinée plus tard, lorsque les faits énoncés dans le mémoire cité ci-dessus seront repris et discutés en détail.

Depuis, M. de Bary (1) publia un mémoire où cette question de la fécondation est à peine effleurée à propos de l'*Aphanomyces lævis* de Bary.

M. Pringsheim (2), dans le même volume, fit paraître un deuxième mémoire sur les Saprolégniées, où il expose une théorie complète de la sexualité. On y reviendra plus loin.

Les corps reproducteurs autres que les zoospores sont les spores immobiles. On peut cependant citer encore quelques formations observées par différents observateurs, outre les spores immobiles ou oospores.

Ce que M. Nægeli (3) a décrit comme une troisième sorte de cellules reproductrices, doit vraisemblablement être rapporté à des zoospores parvenues à l'état de repos. L'auteur lui-même se demande s'il n'en serait pas ainsi.

Ce sont aussi probablement des zoospores au repos que signale M. Al. Braun (4) dans les sporanges allongés du *Leptomitus lacteus* Ag., et qu'il considère comme des spores immobiles. Ce qui rend probable cette opinion, c'est qu'il n'en a pas vu les zoospores, décrites plus tard par M. Pringsheim (5), et qui se développent dans des sporanges cylindriques. Les oogones sont au contraire toujours (sauf les cas anormaux) renflés et dilatés.

Quant aux spores étoilées rencontrées par M. Pringsheim (6), dans l'intérieur des filaments de quelques espèces, ce sont les

(1) *Einige neue Saprolegnieen* (*Jahrbuech. f. wiss. Bot.*, t. II, p. 179).
(2) *Nachtræge zur Morph. der Saprolegnieen* (*Jahrbuech. f. wiss. Bot.*, t. II, p. 205).
(3) *Zeitschrift. f. wiss. Bot.*, 3tes und, 4tes Heft. Zurich, 1846, p. 29.
(4) *Verjuengung*, p. 289.
(5) *Jahrbuech. f. wiss. Bot.*, t. II, p. 228.
(6) *Jahrbuech. f. wiss. Bot.*, t. II, p. 225.

spores immobiles d'un parasite qui sera décrit dans ce mémoire sous le nom de *Chytridium Saprolegniæ* ou d'un autre voisin.

DES OOGONES.

Les oogones sont des cellules sphériques, le plus souvent, formées par le cloisonnement d'une portion renflée et dilatée, en général terminale, d'un filament. La cloison, dans la plupart des cas, détache aussi une portion non renflée du filament, de sorte que la cellule entière se compose d'une partie sphérique et d'une portion cylindrique. La forme sphérique et régulière est la plus générale; cependant on trouve des exceptions. Les *Saprolegnia* présentent parfois des oogones ovoïdes ou oblongs (il en est de même chez certains *Achlya* : ex. *A. polyandra* Hildebr.); l'altération de leur forme va même plus loin : on en voit de très-allongés et même de tout à fait cylindriques. Cette forme est le plus souvent due aux conditions de développement de l'oogone.

Chez les *Myzocytium*, l'oogone a une forme assez spéciale : il est ovoïde (*M. globosum* Schenk) (1), sphérique, et muni d'une portion un peu irrégulière (*M.* (*Pythium*) *entophytum* Pringsh.); ou bien linéaire renflé et irrégulier (*M. lineare* sp. nova) (2).

Chez les *Pythium*, le renflement qui produit l'oogone ne se forme pas toujours à l'extrémité même du filament, mais parfois un peu au-dessous; l'oogone est donc surmonté d'une petite portion cylindrique. Il en est de même dans les Péronosporées.

Les parois de l'oogone sont plus épaisses que celles du reste du filament; il y a cependant des degrés dans l'épaisseur : ainsi tandis qu'elle est à peine double de celle du filament dans la plupart des espèces, chez d'autres (ex. *Achlya racemosa* Hildebr.)

(1) Max. Cornu, *Note sur l'oospore du* Myzocytium (*Bulletin de la Société botanique de France*, 1869, t. XVI, p. 222).

(2) Le *M. lineare* se distingue du *M. globosum* par ses sporanges linéaires, simples ou rameux (et non ovoïdes), disposés en file. Le *M. entophytum* (Pringsh.) présente des sporanges cylindriques rameux; le tube de sortie du plasma et l'habitat dans l'intérieur des spores des Zygnémacées le distinguent suffisamment des deux autres.

elle s'exagère beaucoup : dans ce dernier cas, les parois sont fréquemment colorées par une teinte jaunâtre, qui s'accentue d'autant plus que les oogones vieillissent davantage.

Les parois peuvent être lisses ou munies d'échinules. Ces dernières varient de forme, de longueur et de nombre. Elles sont nombreuses, larges, obtuses, à parois minces dans l'*Achlya recurva*, sp. nova (1); ce sont des sortes de prolongements émis par la membrane de l'oogone. Chez l'*Achlya racemosa* (2), au contraire, elles sont plus rares, courtes, coniques et formées par un épaississement de la membrane, comme si elles avaient été comblées intérieurement par un dépôt de cellulose. Dans la variété *spinosa*, ce sont de véritables épines dont la longueur acquiert jusqu'à la moitié du diamètre de l'oogone. Cette espèce, dont les oogones sont échinés ou lisses, présente des ondulations dans le contour interne de sa paroi, des plissements et des épaississements irréguliers. Il y a donc une sorte d'indication de la variation de forme : cette apparence diverse de l'oogone n'a pas laissé que de m'embarrasser quelque peu.

Enfin, une espèce rencontrée deux fois, mais dont je n'ai trouvé que trois oogones, et qui appartient à un *Saprolegnia* ou un *Achlya*, présentait un oogone ovoïde, muni à sa partie supérieure d'une pointe conique. Je n'ai pu déterminer le genre de cette plante, spécifiquement différente de toutes celles que je connais; je me suis donc abstenu de la nommer.

Malgré toutes les variations signalées, on voit que les oogones ont une forme en général constante, sphérique, ou au moins

(1) Cet *Achlya* se distingue des autres par ses oogones échinés, non perforés, portés par un rameau *recourbé* en arc, vers l'extrémité duquel il naît solitaire et en général *latéralement*; les branches latérales naissent, soit du rameau, soit de l'axe. Le nombre des oospores est en général de six à huit. Parfois l'oogone porte une portion cylindrique, comme les *Pythium*, à sa partie supérieure.

(2) L'*Achlya racemosa* Hildebr. est une espèce très-polymorphe; la forme appauvrie et non richement fructifère constitue l'*A. lignicola* du même auteur. J'ai rencontré deux autres variétés : l'une munie d'oogones à échinules plus ou moins rares, c'est la variété *stelligera*; l'autre munie de véritables épines, c'est la variété *spinosa*. On arrivera peut-être à les ériger en espèces; pour moi, ce ne sont que des variétés du type primitif.

renflée. Il n'est pas question ici du genre *Monoblepharis*, qui sera examiné ultérieurement.

Chez certaines espèces des genres *Saprolegnia* et *Achlya*, les oogones sont normalement munis de perforations régulièrement réparties, et destinées à faciliter la fécondation (*S. monoica*). Ce fait a été reconnu successivement par MM. Thuret, Pringsheim, de Bary, et est aujourd'hui hors de doute. Pour bien se rendre compte qu'on a sous les yeux des perforations véritables et non de simples amincissements de la membrane, on peut écraser un oogone avec le verre mince qui recouvre la préparation; on en déchire ainsi les parois, et l'on constate, lorsque la déchirure passe par une des parties claires de la membrane, qu'il y a positivement une échancrure, et qu'aucun débris cellulosique ne se trouve sur les bords. En faisant agir le chloro-iodure de zinc, la membrane de l'oogone, comme celle de toute la plante (sauf le mycélium), se colore en bleu violacé, et les perforations ne présentent pas la plus légère teinte. Ces divers moyens, proposés dans les premiers mémoires sur ce sujet, sont à l'abri de toute objection.

Les perforations, vues de face, se montrent comme des ouvertures circulaires, à bords nettement taillés dans les parois de l'oogone; elles sont en nombre variable, mais en général régulièrement disposées. Sur le contour, elles se projettent suivant un espace plus clair; la double ligne est interrompue sur une longueur égale à leur diamètre. Par l'action du chloro-iodure de zinc, la coloration est plus intense sur le bord de la perforation. Faut-il en conclure, avec M. Pringsheim, que la paroi est plus épaisse au bord de l'orifice? Je ne le crois pas, car l'épaississement n'est pas visible sur le contour (1). Vues obliquement sur la paroi, elles apparaissent comme une ellipse très-déprimée, dont le grand axe est parallèle à l'élément de contour le plus voisin, et

(1) Avant la fécondation, l'oogone se colore absolument comme le reste de la plante; après la fécondation, la coloration est plus difficile à obtenir; elle est rougeâtre quand les autres parties sont franchement bleues: la membrane s'est donc modifiée. La coloration plus intense des bords de l'ouverture prouve seulement qu'en ce point la modification de la paroi a été moins complète.

dont l'une des moitiés, celle qui est tournée vers l'extérieur, est beaucoup plus nette et brillante que l'autre : cela tient à la réfraction de la lumière par le bord nettement découpé, et vu de face de la paroi cellulaire. L'apparence change suivant qu'on se rapproche plus ou moins du contour ou du centre de l'oogone, et suivant encore qu'on fait varier le point dans un sens ou dans l'autre.

M. Pringsheim avait cru devoir attacher beaucoup d'importance à ces perforations; elles manquent très-fréquemment. Dans toute la famille, il n'y a que les espèces suivantes qui les présentent :

Saprolegnia ferax (Gruith.).
— *monoica* Pringsh.
— *spiralis* sp. nova (1).
Achlya prolifera Nees.
— *leucosperma* (2) sp. nova.
Pythium monospermum Pringsh. (d'après M. Pringsheim).

Les oogones peuvent être situés de différentes façons : tantôt ils terminent le filament qui leur a donné naissance; tantôt des rameaux plus ou moins allongés partent du tronc; quelquefois ils naissent sur le tronc lui-même. D'autres fois, mais beaucoup plus rarement, et surtout chez les *Saprolegnia*, ils sont formés par une portion même du tronc, qui se renfle plus ou moins et s'isole par deux cloisons. C'est dans des cas pareils qu'on a souvent ces oogones de forme particulière dont il a été question plus haut, et qui sont ovales, oblongs, cylindriques, ou munis de deux portions cylindriques dans le prolongement l'une de l'autre, l'une supérieure, l'autre inférieure.

Les oogones intercalaires sont très-rares chez les *Achlya ;* ils sont communs chez les *Pythium* et les Péronosporées; ils existent normalement chez les *Myzocytium*.

(1) Voyez plus haut, page 10.

(2) Cette espèce se distingue des autres *Achlya* par les perforations de l'oogone (il n'y en a que deux dans ce cas), par ses spores blanches et non brunes, et par ses anthéridies cylindriques situées en file à l'extrémité des branches latérales; elles proviennent de cloisons successivement disposées sur un même filament, qui entoure souvent l'oogone sphérique suivant un grand cercle.

La forme, la longueur, comme la position du filament porteur de l'oogone, varient, mais peuvent cependant donner de bons caractères spécifiques. C'est à son extrémité qu'est en général fixé l'oogone ; il y a pourtant quelques exceptions : ainsi chez l'*Achlya recurva*, et, dans certains cas, chez le *S. spiralis*, le filament porteur se termine brusquement, et les oogones sont insérés sur une portion latérale plus ou moins éloignée de l'extrémité. Ce fait est rare, du reste, dans la famille.

Les filaments porteurs sont courts ou longs : dans le premier cas, ils sont fréquemment plus étroits à leur naissance que dans une portion plus éloignée (*A. racemosa* Hild.); dans le second, ils ont des formes très-variables : tantôt droits, tantôt irrégulièrement flexueux (*S. monoica*, Pringsh.), tantôt courbés en arc de cercle (*A. recurva*). Deux espèces, le *S. spiralis* et l'*A. contorta* (sp. nova), sont caractérisées par les formes particulières de ces filaments porteurs : dans la première, ils s'enroulent souvent en hélice, suivant un ou deux tours de spire plus ou moins régulière ; chez la seconde, ils sont plus ou moins contournés en spirale et tordus dans divers sens; ils peuvent se renfler par endroits d'une façon très-remarquable et qu'on ne retrouve nulle part ailleurs. Dans chacune de ces espèces, les formes, sans être constantes, tendent vers ces deux types, et plus rarement les filaments sont rectilignes (1).

Enfin, chez d'autres, les variations sont trop irrégulières pour pouvoir être facilement caractérisées (*S. monoica* Pringsh., *A. polyandra* Hild.), et n'ont pas ainsi de valeur spécifique.

Le nombre des oogones portés par un filament varie beaucoup dans chaque espèce; il est en général d'une dizaine en moyenne, mais ce nombre n'a rien d'absolu. Chez l'*Achlya racemosa* Hild. se rencontrent les écarts les plus considérables. On voit des individus porteurs d'un seul oogone ; M. Hildebrand en a compté jusqu'à 18. Souvent on en trouve un plus grand nombre : j'en ai observé sur un seul filament jusqu'à une centaine, et même

(1) Outre ce caractère, l'*A. contorta* présente des oogones lisses contenant un nombre assez restreint d'oospores, huit en moyenne, avec des variations en plus ou en moins.

davantage. Dans ce cas, l'espèce mérite réellement le nom imposé par l'auteur, et elle a l'aspect d'une véritable grappe de raisin à grains pressés les uns contre les autres.

Le nombre des oospores contenues dans un même oogone dépend en général du diamètre de l'oogone dans les espèces polyspores ; chez le *S. monoica* et l'*A. leucosperma*, j'en ai compté de quatre à trente-deux. Ces limites peuvent très-certainement être dépassées dans un sens ou dans l'autre.

Les *Aphanomyces* sont monospores, mais quelquefois, très-rarement, dans l'*A. stellatus* de Bary, on rencontre deux spores dans l'oogone, d'après M. de Bary (1).

Dans la plupart des genres de la famille, *Pythium*, *Rhipidium*, etc., l'oospore est unique. Il n'y a que les *Saprolegnia*, *Achlya* (et *Aphanomyces*) qui fassent exception, et ce dernier genre doit être signalé sous toute réserve.

Les oospores sont sphériques ou un peu irrégulièrement étoilées ; elles sont blanches, brunes, rosées ; à parois minces ou très-épaisses. La couleur est due, soit au contenu (*Saprolegnia*), soit à la paroi tout entière (*Pythium*), soit à une pellicule mince qui la recouvre extérieurement (Péronosporées).

Le deuxième mode de reproduction se rencontre parfois sur les individus qui présentent déjà le premier ; et ce cas est beaucoup plus fréquent que M. Pringsheim ne semblait le croire, d'après le *S. ferax* (2). Dans le cas où il se montre sur des individus isolés ou mal caractérisés, il y a quelque difficulté, s'il y a mélange de genres, à rapporter les organes de la fructification sexuée au genre auquel ils appartiennent. Parmi les espèces rentrant dans cette catégorie embarrassante, on peut citer l'*A. racemosa* Hild.; la détermination du genre a arrêté M. Hildebrand, aussi bien que moi-même après lui : la difficulté est considérable quand on n'a que des individus rares et isolés en état de fructification, au milieu d'un mélange de filaments.

Cependant plusieurs remarques peuvent mettre sur la voie

(1) *Jahrbuech. f. wiss. Bot.*, t. II, p. 178.
(2) *Entwick. d.* A. prolifera (*Nova Acta nat. cur.*, p. 419).

et donner, dans certains cas, des indications utiles. Si l'on trouve un oogone terminant un filament qui s'est développé à travers un sporange vidé, on peut supposer qu'on a sous les yeux une espèce du genre *Saprolegnia*. Néanmoins les difficultés subsistent, et il me semble bien difficile de séparer dans tous les cas (sauf peut-être en cultivant la plante en litige) le *Saprolegnia asterophora* de Bary de la forme échinée de l'*Achlya racemosa* Hild.

Le deuxième mode de fructification se montre plus ou moins longtemps après l'apparition du premier. Dans une culture de l'*Achlya leucosperma*, je l'ai vu apparaître quatre jours après l'inoculation des zoospores, c'est-à-dire environ deux jours après la sortie des premières zoospores. M. Pringsheim dit que dans ses cultures le *S. ferax* (1) montrait des oogones déjà cinq jours après le semis; pour moi, c'est seulement après huit jours que je les ai observés. Tout cela est assez variable d'ailleurs : dans une série de cultures entreprises pour la recherche de quelques faits et la vérification de quelques idées théoriques, j'ai placé dans des conditions identiques tous les individus que je faisais développer. Les oogones se montrèrent, malgré les conditions identiques, après des intervalles différents, du sixième au dix-huitième jour. L'espèce mise en expérience était l'*Achlya contorta*.

En moyenne, ils apparaissent une dizaine de jours après le premier développement des zoospores. Quand la plante est très-florissante, ils se montrent avant. Si elle végète mal, ce qui arrive quand les infusoires ou d'autres végétations l'envahissent, la fructification est retardée ou même fait complétement défaut. Quand plusieurs espèces cohabitent sur le même substratum, l'une d'elles peut présenter des oogones sans que l'autre en développe jamais. Dans les cultures citées plus haut et qui furent nombreuses d'*A. contorta*, se trouvait un *Saprolegnia* qui ne put être mené à bien comme l'*Achlya*. Cela démontre, en passant, que la fructification sexuée ne se manifeste pas, comme le dit M. Pringsheim, à la suite du changement de nourriture (2) de

(1) *Entwick. d.* A. prolifera (*Nova Acta nat. cur.*, p. 429).
(2) *Entwick.*, p. 430.

la plante, car les modifications du substratum qui faisaient fructifier l'une auraient dû exercer la même action sur l'autre.

DES BRANCHES LATÉRALES.

Dans les espèces que nous étudions d'abord, l'organe mâle est constitué par les branches latérales : ce sont des rameaux naissant dans le voisinage des oogones, que M. Al. Braun rencontra et décrivit le premier. L'espèce sur laquelle il les observa n'est peut-être autre chose que le *S. spiralis*, dont on a dit quelques mots plus haut.

Les branches latérales se composent de deux parties : l'une, importante et terminale, de formation constante, c'est l'*anthéridie ;* l'autre, bien plus variable, en général, et bien moins importante, c'est le *filament porteur* de cette anthéridie. L'une et l'autre peuvent fournir des caractères spécifiques.

Filament porteur. — Le filament porteur est court ou long, droit ou flexueux, simple ou rameux. Chez l'*A. racemosa* Hild., il a une forme arquée et reste simple en général ; chez l'*A. polyandra* Hild., il s'allonge et se ramifie dans tous les sens, s'enroule à droite et à gauche autour des filaments et des oogones placés dans le voisinage, ou s'applique directement sur l'oogone en parcourant un trajet plus ou moins flexueux.

Il est cylindrique dans toutes les espèces. Dans le genre *Rhipidium*, où les filaments sont munis çà et là d'étranglements, il perd le caractère du genre, n'est plus composé d'articles successifs, et prend entièrement l'apparence d'un filament cylindrique. Dans ce genre il est fort allongé et volubile.

Il procède, en général, des parties voisines de l'oogone, soit du filament porteur de l'oogone, soit du tronc principal, soit encore de troncs non porteurs d'oogones. Ces divers cas peuvent se présenter dans la même espèce. On le voit même, mais c'est rare et accidentel, naître de la surface de l'oogone lui-même. Ex.: *A. racemosa* Hild. (pl. 1, fig. 2).

Dans le genre *Dictyuchus* Leitgeb, qui se compose d'une

seule espèce, il y a séparation complète des individus porteurs d'oogones et de ceux qui donnent naissance aux anthéridies : ces derniers émettent un grand nombre de rameaux qui enlacent les autres, surtout dans le voisinage des oogones, comme des plantes grimpantes. Chez le *Rhipidium elongatum*, il semble aussi qu'il y ait diœcie ; mais il n'en est rien (1).

Il y a enfin des cas où le filament porteur de l'anthéridie est entièrement nul : c'est ce qu'on observe chez les *Myzocytium*. Le *Myzocytium globosum* Schenk (2) est uniquement composé d'organes de reproduction ; il est formé de cellules renflées, ovoïdes elliptiques, soudées les unes aux autres par l'extrémité de leur grand axe. Les unes sont des sporanges déversant au dehors leur contenu, qui se transforme en zoospores à la manière des *Pythium*. Les oogones sont des cellules un peu plus exactement sphériques ; quant aux anthéridies, elles ont à peu près la forme des sporanges et sont intercalées entre les oogones dans le filament moniliforme du *Myzocytium*. Le filament porteur est nul. J'ai décrit cette disposition dans un autre recueil (3).

Le *Myzocytium entophytum* (Pringsh.), et le *M. lineare* ne possèdent pas davantage de filaments porteurs des anthéridies.

Anthéridies. — La partie terminale, ou *anthéridie*, est formée par le cloisonnement de l'extrémité renflée des branches latérales où afflue le plasma. Ce nom d'anthéridie est critiquable, parce qu'il est employé d'ordinaire pour désigner un organe contenant des anthérozoïdes, et c'est dans ce sens qu'il était admis. Nous verrons que leur existence y est au moins contestable.

(1) Le *Rhipidium elongatum* offre une particularité singulière : la portion du filament porteur présente presque invariablement, au-dessous de l'anthéridie, un tour de spire, sorte de boucle incomplètement formée. Ce fait ne se présente que dans cette espèce, et il est très-constant.

(2) M. Schenk a décrit (*Verhandl der med. Ges. in Wurzburg*, t. IX, 1859, p. 12) sous le nom de *Pythium proliferum* et *globosum*, une seule et même espèce pour laquelle plus tard il proposa le genre *Myzocytium* (*Ueber das Vork. d. c. Zellen*, p. 10). M. Walz (*Bot. Zeitung*, 1870, p. 553) propose de l'appeler *P. globosum*, pour éviter la confusion avec l'espèce de M. de Bary, qui porte le même nom.

(3) *Bulletin de la Société botanique de France*, 1869, t. XVI, p. 222.

Je n'ai pas voulu me permettre de changer le nom admis, quoiqu'il consacre une idée fausse. Je préférerais, si l'on devait le modifier, celui d'*androcyste*, qui ne préjuge rien. Cependant je le conserverai dans ce mémoire, parce que c'est le nom adopté par tous pour désigner ces cellules. On conserve de même dans les Floridées le nom d'*anthérozoïdes* aux corpuscules mâles, chez lesquels M. Nægeli avait cru reconnaître des cils, et qui sont parfaitement inertes, quoique, d'après l'étymologie, ce nom doive être rejeté.

Les anthéridies sont des cellules à parois plus épaisses que celles du filament qu'elles terminent : elles sont remplies d'un contenu réfringent, tenant en suspension quelques granules oléagineux. Je n'y ai jamais observé d'anthérozoïdes. Le mouvement qu'on y remarque quand elles sont à demi vidées doit être attribué à une trépidation moléculaire et nullement à un mouvement ciliaire. Il s'observe souvent en même temps dans les portions du filament extérieures à cette anthéridie.

Elles sont oblongues, ovoïdes, claviformes, à contour régulier ou dyssymétrique. Dans certaines espèces, elles sont cylindriques (*Achlya leucosperma*, *A. contorta*), formées par le cloisonnement, répété plusieurs fois, d'une longueur plus ou moins grande du filament. Dans ce cas elles sont situées en file.

Dans quelques cas, la partie isolée par une cloison est rameuse, l'anthéridie est pour ainsi dire lobée ou digitée (*Achlya polyandra, A. recurva*). Elle peut aussi présenter des ramifications situées à angle droit; ceci est fréquent dans les anthéridies cylindriques.

L'anthéridie située à l'extrémité de la branche latérale qui s'est courbée à cet effet, s'applique sur l'oogone : près de la base de l'oogone (pl. 1, fig. 2 et 4), quand le filament porteur est court (*A. racemosa* Hild.) ; n'importe où, quand ce dernier a des dimensions variables. Cependant, dans le genre *Rhipidium*, le point où se fixe l'anthéridie semble assez constant : c'est vers la base chez les *R. continuum* et *interruptum ;* vers le sommet, chez le *R. elongatum*.

Tantôt elle s'applique perpendiculairement, c'est-à-dire par sa partie terminale (*A. racemosa*, *Rhipidium interruptum*) ; tantôt, au contraire, suivant une portion latérale qui va de la base au sommet (*Saprolegnia monoica*, *Achlya contorta*, pl. 1, fig. 12). Quand elles sont cylindriques, elles se fixent sur la surface de l'oogone et l'entourent suivant un grand cercle, qui est parfois celui du contour apparent. L'observation des phénomènes ultérieurs est alors grandement facilitée.

La portion extrême de la branche latérale peut s'appliquer sur l'oogone suivant un trajet plus ou moins long, et émettre des anthéridies à droite et à gauche, en se cloisonnant diversement. La description des divers cas particuliers qu'on obtiendrait ainsi serait trop longue et sans intérêt.

Dans le *Rhipidium elongatum*, l'anthéridie a une forme spéciale ; elle est oblongue, courbe, et porte à son extrémité un bec recourbé : c'est par ce bec seulement qu'elle touche à l'oogone. — On a vu plus haut la disposition spéciale du filament porteur (page 29).

Le nombre des anthéridies appliquées sur un oogone varie suivant les espèces, et, dans la même, il dépend des dimensions de l'oogone et de la ramification des branches latérales. Dans certaines espèces, il est assez limité : l'*A. racemosa* en offre de un à trois en général. Chez l'*A. polyandra* Hild. (pl. 1, fig. 1), elles sont très-multipliées ; on voit parfois l'oogone en être entièrement couvert. Ajoutons, en outre, que les branches latérales s'appliquent non-seulement sur les oogones, mais sur le support et sur des filaments ordinaires. Cependant toutes les ramifications des branches latérales ne sont pas forcément terminées par des anthéridies, surtout lorsqu'elles sont situées loin des oogones.

Les anthéridies fixées sur l'oogone émettent à travers des perforations, pratiquées à l'avance naturellement ou qu'elles déterminent elles-mêmes, des prolongements diversement flexueux et ramifiés, qui s'enfoncent *dans l'intérieur* des gonosphéries, et elles se vident entièrement, mais avec lenteur (pl. 1, fig. 12-15).

C'est ainsi que s'accomplit l'acte fécondateur, à la suite duquel les gonosphéries se changent en oospores.

FORMATION DES OOGONES.

Les oogones sont formés par le renflement de certains rameaux terminaux ou latéraux, dans lesquels une grande quantité de plasma s'est successivement accumulée. Quand la concentration est suffisante, une cloison se forme, qui isole la portion terminale, et la cellule ainsi séparée subit un développement ultérieur dont le résultat est la formation d'une ou plusieurs gonosphéries.

Dans tous les genres à oogones monospores, le développement se ressemble beaucoup, et sauf certaines exceptions, paraît identique dans tous et est assez simple. Il n'en est pas de même dans les genres *Saprolegnia* et *Achlya*, la formation des gonosphéries s'accompagne alors de phénomènes plus compliqués, et sur l'interprétation desquels les savants sont loin d'être d'accord.

C'est par cette étude qu'il est bon de commencer ; les cas plus simples s'en déduiront aisément.

Espèces polyspores.

Jusqu'ici on s'est contenté d'observer des exemplaires isolés, et de les rattacher les uns aux autres d'après des présomptions raisonnables ; on obtient ainsi la série probable du développement. Cependant, dans plusieurs cas, il est nécessaire, pour décider certaines questions, de suivre le même organe pendant un ou deux jours. Quoique la culture des Saprolégniées sur le porte-objet présente des difficultés considérables, j'ai cependant réussi quelquefois. Je dois surtout citer des espèces développées sur du biscuit de munition ; elles étaient dans un bel état d'abondance et de pureté. J'en arrachai quelques touffes avec précaution ; les racines ne se rompirent point et entraînèrent une certaine portion du substratum, qui leur permit de vivre pendant quelques jours. Sur la lame qui les reçut, je les baignai d'eau en évitant la dessiccation ; elles ne furent recouvertes du verre mince que pendant le temps strictement nécessaire à l'observation, et, quand elle fut finie, on les plaça dans un vase largement ouvert, rempli d'une eau très-pure et très-aérée. Cette méthode peut encore s'employer, mais moins commodément, quand le substratum est animal. Lorsqu'on a obtenu une culture marchant d'une façon régulière, ce qui arrive si la plante est en bonne santé, tous les oogones se trouvent ensemble au même état, et la série naturelle s'observe très-bien. Il est possible de suppléer ainsi à la culture sur la lame de verre par des observations isolées, mais dans ce cas seulement.

Sur les espèces les plus robustes, en général sur les *Achlya*, on peut, quand on observe la marche du développement, voir à quel instant la plante est sur le point de donner des oogones. Les filaments prennent une teinte opaque et sombre à l'extrémité qui va se transformer; on les voit souvent s'allonger et devenir ondulés, en un mot perdre leur aspect ordinaire ; les oogones se montrent un ou deux jours après. Quand les supports des oogones sont contournés, spiraux ou de forme variable (*S. spiralis*, *A. contorta* et *polyandra* Hild.), ils s'allongent en prenant la forme qu'ils garderont plus tard; mais leur extrémité n'est pas encore renflée : elle commence par devenir plus obtuse, le plasma s'y accumule en grande quantité, et des courants de granules s'observent tout le long du filament; enfin elle se renfle en devenant d'abord oblongue, puis sphérique (*A. polyandra*, Hild., et *contorta*), ou bien le renflement prend d'abord la forme sphérique et s'accroît ensuite en volume (*Saprolegnia* en général). Dans tout cela il n'y a cependant rien d'absolument fixe.

Dans le cas où les oogones naissent de ramifications courtes, portées par le tronc principal (*A. leucosperma*), il y a peu de différence avec ce qui vient d'être dit.

Le plasma afflue sans cesse dans la partie renflée, et s'amasse sur les parois en couche épaisse, de sorte que le centre en est moins abondamment pourvu que la périphérie. Cette disposition est facile à constater, car le centre reste plus clair et présente un espace analogue à celui que Unger (1) a désigné sous le nom d'*areola* dans la formation des sporanges du *S. ferax ;* il est ici plus large, mais moins distinct, car il s'aperçoit à travers une

(1) *Linnæa*, 1843, p. 136 ; trad. in *Ann. des sc. nat.*, Bot., 3e série, 1844, t. II, p. 10.

couche beaucoup plus épaisse de plasma. Le futur oogone possède maintenant une teinte brune, assez foncée ; le contenu est composé de granules très-fins, tous égaux, identiques avec ceux qui sont englobés dans les courants muqueux du reste du filament, et ils n'ont pas d'autre provenance : c'est la seule accumulation de ces granules qui colore le renflement.

A cet instant se forme la cloison. Le plasma se sépare en deux portions qui ne sont distinctes qu'un court instant et se rejoignent presque aussitôt : c'est le phénomène qui s'observe lors de la formation de la cloison dans les sporanges, et qu'on a décrit chez les *Vaucheria*. Pendant ce court espace de temps se forme la membrane : la nouvelle cloison est située au-dessous du contour circulaire de la portion terminale, de sorte que la cellule se trouve formée d'une petite partie cylindrique, qui fait suite à la portion sphérique. L'oogone est alors définitivement constitué.

Si l'on a affaire à une plante en bonne voie de culture et en pleine vigueur, on voit la cloison se former un jour après l'apparition du renflement des oogones.

Pendant tout ce temps, le plasma ne reste pas identique avec lui-même et sans changements : après la formation de la cloison (parfois aussi *avant*, ce qui montre l'indépendance des deux phénomènes), on voit apparaître des vacuoles (pl. 1, fig. 4) en assez grand nombre ; suivant les espèces et les dimensions de l'oogone, elles présentent de légères variations. Elles sont claires, à contour circulaire et net : ce sont des places dégarnies des globules cités plus haut. D'abord elles ne sont pas en contact direct avec la paroi de l'oogone, mais situées à quelque distance, au tiers ou au quart du rayon à partir de la surface et près de la portion où le plasma est accumulé en couche très-épaisse. On peut s'en convaincre en faisant varier le point du microscope depuis la surface de l'oogone jusqu'aux parties profondes. On peut remarquer, en outre, qu'on ne les aperçoit pas sur les bords de l'oogone, c'est-à-dire de profil ; elles ne sont donc pas sphériques, mais lenticulaires, sans cela elles devraient être visibles près des parois, quand elles en deviennent voisines, avec le même contour qu'ailleurs : elles disparaissent subitement vers les bords, comme si leur épaisseur était très-faible. La figure donnée par M. Pringsheim lui-même (1) reproduit ces apparences d'une façon très-exacte.

L'interprétation de ces vacuoles a donné lieu à des opinions peu justes.

M. Pringsheim prétend qu'elles se montrent précisément aux places où la paroi se résorbera plus tard. Or, il ne dit pas qu'il ait compté les vacuoles, puis les perforations dans le développement du même oogone. M. Reinke (2) fait du reste remarquer que s'il en était ainsi, dans le cas représenté par M. Pringsheim (3), les perforations seraient trop rapprochées. Mais la meilleure objection, et qui est irréfragable, c'est que ces vacuoles se montrent aussi chez les espèces dont les parois restent parfaitement entières et non perforées (*A. racemosa*). (Voy. pl. 1, fig. 2.)

M. Al. Braun (4) les appelle vésicules (*Blaeschen*) et les considère comme les nucléus des futures spores. Ce serait d'ailleurs le seul cas où des nucléus se rencontreraient dans les Saprolégniées. Il est impossible de les assimiler à des nucléus, l'apparence et la nature de ces formations ne le permettent pas; elles seraient en nombre trop considérable : ainsi, dans l'une des figures de M. Pringsheim, il y a 17 vacuoles; sur l'autre face, par symétrie, il devrait y en avoir autant, cela ferait 34 spores; dans tous les exemples représentés par l'auteur il y en a un nombre notablement moindre. Il était bon de montrer avec des dessins connus et classiques que cette interprétation est inadmissible.

J'ai voulu m'assurer de ce fait d'une façon plus précise : j'ai, dans une touffe cultivée à part, dessiné un oogone (pl. 1, fig. 4) muni de vacuoles; il était choisi de telle façon qu'on pût le reconnaître aisément au milieu des autres et le retrouver. Il présentait 15 vacuoles visibles sur un seul côté; le lendemain

(1) *Jahrbuech.*, t. I, pl. XIX, fig. 3 et 4. — *Ann. des sc. nat.*, Bot., 4e série, t. XI, pl. 6, fig. 3. La figure 2 reproduit mal celle du mémoire original.

(2) *Archiv. f. mikr. Anat. von Max. Schultze*, 1869, t. V, p. 188.

(3) *Jahrbuech*, I, p. 291. — *Ann. des sc. nat.*, 4e série, t. XI, p. 357.

(4) *Verjuengung*, p. 288.

il s'était formé deux gonosphéries seulement. Il n'y a rien à objecter à cette démonstration. Du reste, dans l'*A. racemosa* Hild., espèce à laquelle cette plante se rapporte, le nombre des oospores n'est jamais très-élevé (1-7), tandis que le nombre des vacuoles est toujours beaucoup plus considérable.

Quel est alors le rôle de ces vacuoles? Elles ne se rencontrent que chez les *Saprolegnia* et les *Achlya*, c'est-à-dire les espèces *polyspores;* elles sont probablement le premier indice de la séparation du contenu de l'oogone en sphérules et en sont le premier effet. En tout cas, on les voit parfois disparaître; ou bien encore elles finissent par atteindre la surface de l'oogone ; on observe alors nettement que ce sont simplement des places dégarnies de granules.

Vers cette époque, le plasma change d'aspect et de constitution dans certaines espèces; les granules fins et tous égaux se réunissent en partie, de façon à former des globules plus gros, tous égaux aussi et également répartis dans la masse des globules plus petits : ils sont brillants, jaunâtres, formés d'une matière oléagineuse et réfringente et situés à la périphérie de l'oogone ; il semble qu'ils n'existent que là. Suivant les espèces, ils sont plus gros ou plus petits; ils manquent parfois totalement. L'aspect de l'ensemble est alors complétement modifié.

De nouveaux changements se passent encore dans l'oogone. La partie claire centrale, ou *areola*, qui était devenue presque indistincte avant l'apparition des vacuoles, se montre de nouveau et avec netteté : elle a pris un contour, non plus déchiqueté comme auparavant, mais ondulé. Cette apparence provient d'une concentration du contenu près des parois ; le centre devient alors de plus en plus clair. La couche, plus épaisse en certains points, du plasma concentré, semble, dans la coupe optique, présenter un contour sinueux, sans que pour cela les amincissements locaux de cette couche s'avancent jusqu'à la paroi. Dès qu'ils l'atteignent, on observe facilement le mécanisme de la séparation des parties. (Pl. 1, fig. 6.)

La paroi se dégarnit de granules, gros et petits, avec lenteur, et le plasma se retire comme l'eau sur une lame enduite d'une légère couche grasse. Tel est l'aspect du phénomène pris d'ensemble et vu superficiellement.

L'observation attentive montre quelque chose de plus. Les globules ne sont pas libres, mais contenus dans un liquide mucilagineux, très-clair et visible avec des grossissements plus forts : ils se retirent en suivant le mucus incolore qui les entraîne. Les places dégarnies s'étendent de plus en plus et finissent par communiquer entre elles; on voit alors qu'elles ont laissé des îlots plasmatiques de forme et de situation diverses (pl. 1, fig. 7). Vue de profil, la masse ressemble à un fragment de matière à demi fondue, qui s'étale en devenant liquide : ce sont les futures gonosphéries. Les portions par lesquelles se relient encore les îlots deviennent de plus en plus grêles; au dernier instant, elles ne sont plus qu'un cordon de plasma incolore, dans lequel se meuvent diversement et un à un des granules très-fins (fig. 7, *c*). Ce cordon se brise enfin ; le mucus clair, qui forme un rebord à peine visible autour des îlots, se replie de proche en proche, et les masses prennent ainsi une forme plus globuleuse. Elles quittent lentement la paroi en s'arrondissant, et finissent par devenir entièrement sphériques. Les gonosphéries sont alors complétement formées.

Depuis le cloisonnement de l'oogone jusqu'à la complète formation des gonosphéries, il s'écoule environ un jour.

L'apparition des vacuoles, qui se montrent même avant la formation de la cloison, prouve que le travail interne du plasma, pour arriver à cette division, commence de très-bonne heure dans l'oogone.

Une fois formées, les gonosphéries quittent les bords de l'oogone et se rassemblent au centre, laissant ainsi libres les parois nettes et pures, notablement épaissies, et sur lesquelles les moindres modifications sont visibles. On aperçoit alors avec évidence les perforations dans les espèces qui les présentent. Si l'on cherche l'instant auquel on peut en observer la première apparition, on trouve qu'elles se montrent bien avant cette époque, sinon entièrement formées, du moins déjà reconnaissables.

Dans certains cas, lorsque le contenu ne présente pas encore la moindre tendance à se diviser, l'oogone étant nouvellement formé, on peut remarquer, sur le contour, des espaces de couleur différente, suivant lesquels il est interrompu, et présentant l'aspect et le diamètre des perforations véritables. A la surface de l'oogone, la teinte sombre du contenu empêche l'observation : peut-être la perforation ne s'étend-elle pas encore dans toute l'épaisseur ; peut-être encore ce que l'on aperçoit sur le contour n'est-il pas une perforation véritable, mais seulement la différence de réfraction d'une portion destinée à se dissoudre plus tard. Quoi qu'il en soit, l'indication de la place où la membrane se résorbera, a lieu de très-bonne heure. Disons en passant, pour confirmer ce qui a été dit plus haut, que les vacuoles ne semblent pas en rapport avec ces portions qui seront résorbées.

Les phénomènes relatifs à la fécondation vont commencer désormais à se produire.

Chez le *Saprolegnia ferax* (Gruith.), qui n'est pas muni de branches latérales, les phénomènes sont les mêmes.

Chez l'*Achlya prolifera* Nees, qui est dans le même cas, les oogones et les oospores semblables, d'après M. de Bary (1), à ceux de la plante précédente, doivent montrer un développement analogue.

Ainsi, l'absence de branches latérales ne semble pas exercer une grande influence sur les organes femelles dans les deux genres étudiés jusqu'ici.

Espèces monospores.

Les espèces à oogones monospores présentent un développement moins compliqué.

Les oogones sont formés de même par le cloisonnement de portions renflées, où afflue le plasma. Dans la suite, le contenu se dispose en un gros globule formé d'une matière opaque, composée de granules oléagineux ; la substance renfermée dans l'oogone se sépare en deux : un liquide clair et semblable à de l'eau, et un grand nombre de gouttelettes d'huile réunies par un

(1) *Bot. Zeit.*, 1852, p. 473.

mucus presque incolore, dont l'ensemble est opaque. Cette séparation s'effectue le long des parois, de sorte que le plasma plus dense se décolle petit à petit et les quitte en prenant une forme sphérique. C'est ainsi que s'isole la gonosphérie. L'intervalle qui existe entre les deux contours est plus ou moins considérable et la grosseur des globules oléagineux varie d'une espèce à l'autre.

Les *Rhipidium* présentent un cas spécial : les globules oléagineux, au lieu de se disposer suivant une masse à contour circulaire, offrent un contour étoilé ou ondulé; de plus, le liquide sans granules, provenant de la séparation du plasma, et qui entoure la gonosphérie, n'a pas la même apparence que l'eau ; il est très-réfringent, quoique presque incolore. On voit qu'il y a une différence qui méritait d'être signalée. Chez les Péronosporées, on rencontre aussi un plasma spécial autour de la gonosphérie (1). Dans l'un et l'autre cas, à la maturité de l'oospore, ce plasma aura disparu.

Les oogones polyspores sont normalement terminaux. Il y a cependant des exceptions, mais elles n'offrent rien qui mérite d'être signalé. Les oogones monospores le sont aussi en général. Dans certaines espèces du genre *Pythium* et dans les Péronosporées, ils sont fréquemment intercalaires : dans ce cas, l'oogone terminal est le plus avancé (2), celui qui est situé au-dessous est moins âgé ; le premier a souvent achevé son évolution et contient une oospore mûre, que le second n'est même pas encore isolé par des cloisons.

Les gonosphéries une fois formées, la fécondation va bientôt avoir lieu ; mais elle exige encore quelques conditions préparatoires.

FORMATION DES BRANCHES LATÉRALES.

L'oogone futur a déjà pris une forme sphérique, qu'on commence déjà à voir apparaître les branches latérales. Elles nais-

(1) De Bary, *Développem. des Champ. paras.*, 4e série, t. XX, pl. 8, fig. 12-16 ; e dans d'autres endroits.

(2) *Cystosiphon pythioides* parasite du *Wolffia arrhiza*, in *Ann. des sc. nat.*, Bot. 5e série, t. XI, pl. 3, fig. 18 *a*.

sent sous la forme d'un mamelon, qui s'allonge rapidement. Quant à l'endroit où elles se montrent, il est variable suivant les espèces et change aussi dans la même. On n'a qu'à se reporter à ce qui a été dit page 28. Si elles doivent rester courtes, les filaments demeurent roides, de forme et de courbure à peu près régulière ; sinon ils deviennent bientôt flexueux et ondulés. Quand elles doivent atteindre une longueur notable (*Achlya polyandra* Hild., *Dictyuchus monosporus* Leitgeb), elles paraissent avoir une grande avance sur l'oogone et l'entourent avant qu'il soit en état d'être fécondé. Le plasma s'accumule à leur extrémité légèrement dilatée, et cette dernière ne tarde pas à s'isoler par une cloison : l'anthéridie est par là constituée définitivement. Il faut remarquer, d'ailleurs, que cette cellule peut se former longtemps avant la fermeture de l'oogone par une cloison (voy. pl. 1, fig. 1, 2 et 4). Il n'est pas rare de rencontrer des oogones qui ont péri avant d'être entièrement développés, ils montrent ce fait avec une grande netteté.

L'anthéridie demeure stationnaire pendant le temps que l'oogone emploie à se transformer : la membrane alors s'épaissit notablement ; le contenu est clair, présente quelques granules et est fort différent du plasma de la gonosphérie.

Chez les espèces polyspores, c'est au moment où les gonosphéries se sont rassemblées au centre de l'oogone, que les anthéridies commencent à préparer l'acte fécondateur. Chez les autres, l'instant est plus difficile à préciser ; il a lieu aussi quelque temps après la formation définitive de la gonosphérie.

La préparation consiste dans la naissance de prolongements spéciaux, qui naissent de la cellule anthéridienne, filaments dus à une sorte de germination (1).

Lorsque l'oogone est perforé à l'avance, c'est par les ouvertures toutes formées que passent les prolongements ; chaque anthéridie en émet un ou deux, suivant qu'une ou deux perforations se trouvent sous elle. Si, au contraire, les parois sont continues, deux cas se présentent : dans l'un, le prolongement

(1) M. Roze la comparerait volontiers à la *germination* des grains de pollen sur le stigmate.

repousse la paroi de l'oogone et finit par la perforer comme par suite d'une pression considérable (*Rhipidium elongatum*); dans l'autre, et c'est le cas de beaucoup le plus fréquent, la paroi est traversée sans effort et sans action mécanique. Ainsi une portion émanée de l'anthéridie a la propriété de dissoudre un point de la surface de l'oogone. Cette propriété existe du reste chez les filaments de certaines espèces du genre *Pythium*, pour perforer les membranes appartenant, soit à la plante nourricière, soit à la plante elle-même (1). Ces deux faits méritaient d'être rapprochés.

Les prolongements émis dans l'intérieur de l'oogone sont cylindriques; ils sont rectilignes ou flexueux (pl. 1, fig. 12-15), demeurent simples, se bifurquent ou se trifurquent. C'est par eux que l'anthéridie *se vide entièrement* dans l'oogone. Le nombre de ces branches est en rapport avec le nombre des gonosphéries. Chacun des rameaux, après un trajet plus ou moins ondulé, se dirige vers une gonosphérie, et, quand l'observation est possible, on remarque qu'ils s'y implantent perpendiculairement.

Dans les espèces monospores (et c'est le plus grand nombre), le fait est hors de doute : *Pythium*, Péronosporées, — *Achlya* et *Saprolegnia*, quand il n'y a qu'une seule gonosphérie (pl. 1, fig. 8).

Lorsqu'il y a deux gonosphéries et une seule anthéridie, le filament issu de l'anthéridie se bifurque et va manifestement (pl. 1, fig. 3 et 5) retrouver chacune d'elles. Il en est de même, lorsque le nombre des gonosphéries n'est pas trop grand (pl. 1, fig. 10 et 11). Si le nombre des gonosphéries est très-considérable, la difficulté est plus grande, mais on s'en rend compte encore : la pénétration est évidente quand l'une des gonosphéries est un peu isolée des autres; pour le reste, la probabilité est grande.

M. Pringsheim dit (2) que le contenu de l'anthéridie est formé par des anthérozoïdes, qu'elle déverse entre les gonosphéries. Quand il n'y en a qu'une ou deux, le tube devrait s'ouvrir à quel-

(1) Ce dernier cas se présente chez les *P. imperfectum* et *utriforme*, dont les sporanges sont prolifères; le tube de sortie du plasma d'un sporange, né dans l'intérieur d'un autre, se fraye par résorption un passage à travers la paroi de l'organe vidé.

(2) *Jahrbuech. f. wiss. Bot.*, t. I, p. 293. — *Ann. des sc. nat.*, 4e série, t. XI, p. 359.

que distance de chacune d'elles : or, il n'en est rien. Si ce contenu était épanché dans l'oogone, on devrait voir, à travers les parois libres et nettes, le mouvement des substances qui y sont répandues. Normalement on ne voit jamais rien de pareil, et cependant la moitié de l'oogone est souvent dégarnie de tout contenu, les gonosphéries étant à cet instant réunies au centre.

La présence d'anthérozoïdes dans des organes ainsi constitués est au moins douteuse à priori. En effet, pourquoi des corps agiles seraient-ils épanchés par un tube de sortie aussi long ? Pourquoi jusqu'à deux tubes partant d'une si petite anthéridie ? A quoi bon des ramifications ? Il semble singulier que les corps agiles aient besoin d'être *conduits* jusqu'au centre de l'amas des gonosphéries, quand, dans les *Œdogonium* dioïques, l'anthérozoïde, venu de si loin, trouve une ouverture unique, pratiquée dans la paroi de l'oogone, et s'y introduit pour féconder la gonosphérie. Il en est de même dans le genre *Sphæroplea*.

Ceci est contraire à tout ce qui se voit ailleurs dans les espèces monoïques ou dioïques, appartenant à d'autres plantes (Ex. : (*Vaucheria*, *Fucus*, etc.).

Si l'on admet, au contraire, dans les cas les plus compliqués, ce qui s'observe dans les cas les plus simples (quand on a de une à trois gonosphéries), c'est-à-dire qu'il y a implantation directe des ramifications dans les gonosphéries, tout s'explique et devient rationnel. On conçoit alors pourquoi les gonosphéries se rassemblent au centre de l'oogone (pl. 1, fig. 9) ; c'est pour se trouver au point de concours de tous ces processus ramifiés, de telle sorte que chacune d'elles soit en communication directe avec une anthéridie au moins (pl. 1, fig. 12, 13, 14 et 15) ; le nombre des rameaux étant supérieur à celui des gonosphéries. En résumé, M. Pringsheim a observé surtout le cas le plus compliqué, il n'est pas étonnant qu'il n'ait pas vu la terminaison des processus ; il est bien certain qu'ils ne s'ouvrent pas au milieu de la masse des gonosphéries, car cette assertion est mise en défaut dans les cas particuliers les plus simples, quand il n'y en a qu'une ou deux.

Ainsi l'existence des anthérozoïdes est donc douteuse à priori ;

nous verrons que l'examen approfondi des changements qui surviennent dans le contenu de l'anthéridie ne permet pas non plus de s'arrêter à cette supposition. Ajoutons en outre que les gonosphéries ne présentent pas de partie claire antérieure comme on en rencontre chez celles des *Œdogonium* et des *Vaucheria*, et qu'on appelle *tache germinative* (*Keimfleck*).

Malgré les divergences d'opinion sur ce sujet, le fait admis par tous, c'est que l'anthéridie se vide entièrement de son contenu dans l'oogone, au moyen des processus qu'elle y a émis à cet effet. Cet épanchement, qu'il s'effectue d'une manière ou d'une autre, a pour effet de déterminer autour des gonosphéries la production d'une membrane. Elles quittent le centre de l'oogone. La membrane, mince d'abord, s'épaissit diversement, suivant les genres. Ce sont alors de véritables *oospores*. Depuis la formation des gonosphéries jusqu'à l'évacuation complète des anthéridies et la formation des oospores, il s'écoule environ un jour.

Il va être question maintenant de la fécondation : elle sera étudiée d'une façon plus complète, et les théories émises successivement seront discutées. — Il ne sera d'abord question que des espèces munies de branches latérales ; celles qui ne sont pas dans ce cas sont, comme il a été déjà dit, les suivantes :

Saprolegnia ferax (Gruith.), *Achlya prolifera* Nees, et les espèces du genre *Monoblepharis*.

Leur étude est réservée pour plus tard.

FÉCONDATION CHEZ LES ESPÈCES MUNIES DE BRANCHES LATÉRALES.

Nécessité de la fécondation.

Dans son deuxième mémoire sur les Saprolégniées, M. Pringsheim se croit obligé de démontrer que la deuxième sorte de spores qui se rencontrent dans les Saprolégniées est due à une fécondation. La sexualité des Algues, niée pendant longtemps, est maintenant acceptée par tous les botanistes ; les belles découvertes de MM. Decaisne, Thuret, Pringsheim, etc., l'ont démontrée sans réplique. Quant à la nécessité de la fécondation, la preuve qu'en donne M. Pringsheim dans son mémoire est trop accidentelle et n'a pas assez de portée. Chez une espèce à laquelle il n'assigne pas de nom, et qui semble, par tous ses caractères, se rapporter au *Dictyuchus monosporus* Leitgeb, le développement des gonosphéries n'eut pas lieu à cause de l'état imparfait des plantes spéciales qu'il faut considérer comme constituant l'organe mâle. Il en conclut que la fécondation des gonosphéries a réellement lieu et qu'elle est nécessaire.

Il vaut mieux choisir des arguments plus généraux et fondés sur un cas normal. Pour prouver la fécondation, il suffira de remarquer que les branches latérales, dans une même espèce, existent constamment et qu'elles y ont une forme particulière qui sert souvent à la caractériser ; cette constance dans des plantes aussi polymorphes dénote un organe important. On les voit se fixer exclusivement sur les oogones ou conceptacles futurs des spores ; on voit parfois naître des gonosphéries en dehors de leur influence, mais elles ne peuvent se développer, c'est-à-dire s'entourer d'une membrane, que lorsque les anthéridies se sont entièrement vidées. Dans une même espèce, jamais les branches latérales ne font défaut, et jamais elles ne manquent de s'appliquer sur l'oogone et de déverser leur contenu dans son intérieur : mais si par une cause accidentelle les anthéridies ne peuvent épancher le plasma qu'elles contiennent, la formation des spores n'a pas lieu. Ce cas tératologique se rencontre fréquemment ; il est surtout net dans les espèces chez lesquelles la disposition des branches latérales est simple. Ex. : *A. racemosa* Hild.

Dans les espèces dépourvues de branches latérales, nous avons vu que chez les unes, comme chez les autres, il existe des oogones présentant des perforations naturelles. Dans certaines espèces, j'ai rencontré les anthérozoïdes et observé l'acte fécondateur (genre *Monoblepharis*) ; dans les autres espèces, nous verrons que cette fécondation est extrêmement probable. La fécondation, qui a lieu évidemment dans le cas des branches latérales, est donc encore mieux prouvée, quand elles font défaut, par la pénétration directe des anthérozoïdes dans la gonosphérie.

Il n'était peut-être pas besoin d'insister, comme M. Pringsheim l'a fait, sur la nécessité de la fécondation, car elle est reconnue aujourd'hui par tout le monde sans démonstration ; cependant on voit que désormais un progrès très-important dans cet ordre d'idées a été accompli : je veux parler de la preuve directe de la fécondation par anthérozoïdes. C'était à ce cas-là seulement qu'on appliquait autrefois le mot de fécondation.

Maintenant que la nécessité de la fécondation est suffisamment établie, voyons comment elle s'accomplit dans le cas où les branches latérales constituent l'organe mâle.

Historique.

M. Al. Braun est le premier qui ait observé et décrit des branches latérales sur un *Saprolegnia* que je rapporte au *S. spiralis*. Il les compare aux cornicules des *Vaucheria;* voici ce qu'il dit à ce sujet (1) :

« D'après les recherches de Pringsheim, que de Bary a vérifiées, les conceptacles qui contiennent ces spores immobiles sont généralement portés par de courts rameaux latéraux, et ils présentent de véritables ouvertures : c'est une circonstance qui rend très-vraisemblable que ces spores soient fécondées d'une manière analogue à celle des *Vaucheria*. Les organes probablement destinés à cet usage sont des rameaux grêles, recourbés ou sinueux, semblables aux cornicules anthéridiennes des *Vaucheria*, dont la place ordinaire se trouve dans le voisinage des sporanges, comme je l'ai déjà décrit (2). Il est difficile de douter que ces cornicules n'aient la même destination que celles des *Vaucheria*, qui contiennent des spermatozoïdes dans leur intérieur. J'ai vu une seule fois, dans un renflement terminal, au lieu de zoospores normales, de petites cellules agiles se former; leur diamètre était de $\frac{1}{300}$ de millimètre de longueur, à peine le tiers de la longueur des zoospores normales; elles avaient

(1) *Ueber Chytridium*, p. 63.
(2) *Verjuengung*, p. 318.

un mouvement rapide. C'étaient peut-être des spermatozoïdes développés à une place anormale (1). »

Un peu plus loin (2) il parle de certaines spores « qui pourraient n'être autre chose que les spermatozoïdes (non encore connus) contenus dans les cornicules ».

Si je cite ces passages, c'est pour montrer que le mot *spermatozoïde* y revient plusieurs fois. Le mémoire de M. Pringsheim sur les Saprolégniées (3) se trouve en germe dans le mémoire cité de M. Al. Braun ; il y développe en ces termes l'analogie signalée avec les *Vaucheria* :

« La structure et la disposition latérale des organes sexuels des Saprolégniées rappellent, sous plusieurs rapports, les formes analogues des *Vaucheria*, dont les Saprolégniées, comme on peut le voir, se rapprochent par la production terminale des sporanges et par la structure unicellulaire des filaments (4). »

Il n'a pas bien vu les anthérozoïdes ; il affirme cependant leur existence. On va voir qu'il y conclut plutôt qu'il ne les a réellement observés (5) :

« Les anthéridies déversent leur contenu entre les gonosphéries. Comme les appendices s'avancent presque sans exception jusqu'au centre du contenu de l'oogone, où leurs extrémités sont plus ou moins masquées, l'observation présente ici de grandes difficultés, et malgré l'attention la plus soutenue, je n'ai pas réussi à observer les anthérozoïdes, au moment où ils sortent des anthéridies, *aussi ne suis-je pas complétement édifié sur leur structure*. Néanmoins leur existence est tout à fait certaine.

» Ainsi que cela a lieu dans les *Vaucheria*, les anthérozoïdes des Saprolégniées sont entourés d'une gelée dont ils

(1) Il s'agit peut-être d'un parasite, le *Rozella septigena* (voy. à la fin de ce mémoire les parasites des Saprolégniées).

(2) *Loc. cit.*, p. 65.

(3) *Jahrbuech. fuer wiss. Bot.*, t. I, p. 284 ; trad. *Ann. des sc. nat.*, Bot., 4e série, t. XI, p. 349.

(4) *Loc. cit.*, p. 290. — *Ann. des sc. nat.*, p. 355. — On a signalé plus haut les cloisons des filaments germes émis par les zoospores, ce qui ne permet pas une assimilation très-complète. Nous discuterons plus loin l'analogie des Saprolégniées avec les différents genres de la classe des Algues. Elle est multiple.

(5) *Loc. cit.*, p. 293 ; trad. *Ann. des sc. nat.*, p. 359.

doivent se séparer après leur sortie de l'anthéridie. Bien que la masse gélatineuse qui les enveloppe les empêche de se mouvoir librement à l'intérieur des anthéridies, cependant le mouvement vibratile particulier qui se produit à l'intérieur des anthéridies mûres *amène forcément à conclure* qu'il existe réellement ici des anthérozoïdes mobiles. En outre il n'est pas rare, dans le cas où, par une cause quelconque, la totalité du contenu de l'anthéridie n'a pas pu sortir, d'observer dans le fond de l'anthéridie vidée, de petits corpuscules qui y tourbillonnent sur place d'un mouvement faible, il est vrai, mais bien reconnaissable. Ces corpuscules sont opaques et très-brillants, comme les anthérozoïdes du *Vaucheria sessilis;* mais lorsqu'ils sont arrivés à la période de repos, ils forment de petites vésicules claires et transparentes, ce qui les rapproche des anthérozoïdes des *Vaucheria.* Une autre raison qui prouve encore que, malgré leur petitesse (car ils n'atteignent pas $\frac{2}{500}$ de millimètre), ces corpuscules sont bien les anthérozoïdes des *Saprolegnia*, c'est que, même en faisant abstraction des conditions où ils se montrent, on en trouve pareillement dans les anthéridies mûres du *Pythium monospermum*, où leur mouvement est plus vif. »

Il ajoute encore une phrase dénotant qu'il sent le besoin de démontrer à priori l'existence des anthérozoïdes.

« Mais ce qui en démontre mieux la nature, ce sont les phénomènes qui se passent dans les gonosphéries après que les anthéridies se sont ouvertes. »

Ce dernier argument prouve seulement qu'il y a fécondation. Mais à cette époque l'idée de fécondation était intimement liée à celle d'anthérozoïdes agiles; témoin l'erreur que commit M. Nægeli à propos des corpuscules mâles des Floridées. Ils sont inertes, et cependant l'illustre observateur crut qu'ils étaient munis de cils et agiles. D'autre part, M. Pringsheim n'a-t-il pas cru pouvoir affirmer que la fécondation chez les Phanérogames devait avoir lieu vraisemblablement par le moyen d'anthérozoïdes (1)?

(1) *Monatsbericht der Kœnigl. Akad. der Wissensch. z. Berlin* Mai, 1856, Trad. *Ann. des sc. nat.*, Bot., 4e série, 1856. t. V, p. 258.

« Si cette analogie (avec ce qui a lieu chez les *Œdogonium*) ne me trompe pas, il est vraisemblable, non-seulement que le pollen doit contenir des spermatozoïdes, mais encore que les vésicules embryonnaires présentent des ouvertures, et que, si ces choses ont échappé jusqu'ici aux recherches laborieuses de nos habiles embryologistes, la cause en est sans doute dans la difficulté inhérente au sujet et les circonstances qui en accompagnent l'étude. »

C'est en partant de la ressemblance avec les *Vaucheria*, et en admettant à priori l'existence d'anthérozoïdes analogues, que M. Pringsheim se trouvera entraîné à des erreurs plus considérables encore, comme de prendre pour des anthérozoïdes certaines formations parasites.

Dans son livre (1), M. de Bary admet, sur la foi de M. Pringsheim, la présence des anthérozoïdes :

« Le contenu des anthéridies, pendant qu'il s'écoule, laisse voir des corpuscules très-agiles, dont le diamètre égale à peine $\frac{2}{500}$ de millimètre, et qui, eu égard à leur ressemblance avec ceux que l'on qualifie du nom de spermatozoïdes chez les *Vaucheria*, doivent être tenus pour des corpuscules fécondateurs. »

M. Hildebrand (2), en étudiant son *Achlya lignicola* (3), est amené à écrire ce passage :

« J'ai d'abord cru que cet *Achlya* confirmerait l'exposition faite par M. Pringsheim de la fécondation du *Saprolegnia monoica ;* il m'avait semblé voir des anthérozoïdes agiles analogues à ceux des *Vaucheria ;* mais plus tard j'ai dû reconnaître que le mouvement des corpuscules globuleux contenus dans les anthéridies et leurs appendices tubuleux était purement moléculaire. Je ne vois d'ailleurs ici aucune nécessité de supposer l'existence d'anthérozoïdes comparables à ceux des autres Cryptogames ; le contenu des anthéridies peut bien, par son union avec l'embryocyste, en déterminer la fécondation. »

(1) *Morph. und Phys. der Pilze*, 1866, p. 155. — Trad. *Ann. des sc. nat.*, 5e série, t. V, p. 333.

(2) *Jahrbuech. fuer wiss. Bot.*, t. VI, p. 249. — Trad. *Ann. des sc. nat.*, 5e série, 1867, t. VIII, p. 322.

(3) Cet *Achlya* n'est qu'une variété appauvrie de l'*A. racemosa* Ejusd.

Les observations de M. Hildebrand sont contredites et discutées par M. Reinke (1), dans un mémoire spécial sur la fécondation dans le *Saprolegnia monoica*. Il prétend avoir observé et représente des anthérozoïdes; ils seraient ovales et munis d'un long cil. Il a vu les tubes émis par les anthéridies s'avancer jusqu'au centre de l'oogone et se cacher entre les gonosphéries.

« Sur ces entrefaites, dit-il, apparaissent dans l'anthéridie une quantité de corpuscules qui se distinguent des granules protoplasmatiques, par une taille plus forte et un pouvoir réfringent plus considérable. Tout d'abord quelques granules passent de l'anthéridie dans le filament de sortie (*Entleerungsschlauch*), avec le mouvement protoplasmatique ordinaire; ensuite suivent quelques-uns de ces corpuscules plus gros, très-réfringents, formés dans l'anthéridie. Un mouvement de rotation particulier, lent d'abord, il est vrai, montre leur différence avec les corpuscules du protoplasma. Ce sont les spermatozoïdes. »

Il dit ensuite avoir constaté, à l'extrémité d'un de ces filaments, une ouverture évidente, et il la représente figure 6; elle est circulaire et d'un diamètre inférieur à celui du filament.

« Alors je pus voir comment quelques-uns des spermatozoïdes sortaient par cette ouverture du tube dans le liquide ambiant de la cellule. Aussitôt échappés du filament rempli de protoplasma visqueux, ils montraient le mouvement rapide si spécial et si reconnaissable des spermatozoïdes; au moment de leur sortie, comme quelquefois pendant le mouvement, le cil était visible avec évidence. Leur mouvement dura de cinq à dix minutes; alors ils pénétrèrent lentement dans l'intérieur des gonosphéries. J'observai que plusieurs spermatozoïdes entrèrent successivement les uns après les autres dans une gonosphérie; il pouvait y avoir une demi-heure ou trois quarts d'heure entre la sortie des premiers et celle des derniers. Après ce temps, les spermatozoïdes, qui s'agitaient, ne pouvaient plus pénétrer dans la gonosphérie, car une membrane mince les en empêchait... »

(1) *Archiv fuer Mikrosk. Anat. von Max. Schultze*, 1869, t. V. — *Ueber die Geschlechtsverhaeltnisse von* Saprolegnia monoica, p. 183, pl. XII.

Il représente ces spermatozoïdes avec un grossissement de 1400 fois ; dans l'anthéridie, il les montre comme environnés d'un cercle inachevé, sorte d'auréole incomplète (?).

Il attaque ensuite M. Hildebrand, qui n'a vu qu'un mouvement moléculaire ; il aurait dû se servir d'un grossissement plus fort ou faire agir l'iode.

Il ajoute ensuite la phrase suivante : « *J'ai trouvé les spermatozoïdes dans tous les oogones que j'ai examinés ; j'ai, dans presque tous les cas, observé leur introduction* (1). »

Je dois avouer que dans aucun cas, je n'ai vu rien de semblable. Au début de cette étude, j'admettais, sur la foi de M. Pringsheim, la présence des anthérozoïdes, et j'ai bien des fois cherché, mais inutilement, à revoir après lui les corps opaques et très-brillants dont il parle.

Mes observations ont porté sur un certain nombre d'espèces, particulièrement les *Saprolegnia monoica* Pringsh. et *spiralis*, *Achlya leucosperma* et *contorta*; *Pythium Cystosiphon* et *gracile* Schenk. Dans tous les cas, le résultat a été le même. Le plasma est assez clair et peu granuleux ; il contient quelques globules oléagineux. Ils *ne se résout jamais en anthérozoïdes*, et s'épanche entièrement dans l'intérieur de l'oogone. Nous avons vu plus haut que les prolongements émis par l'anthéridie implantent l'extrémité de leurs nombreuses ramifications dans les gonosphéries : la gonosphérie est tellement opaque, qu'il est impossible d'apercevoir l'extrémité du rameau, mais il est hors de doute que cette extrémité doit se rompre pour livrer passage au plasma. La preuve qu'on peut en donner, c'est que les globules oléagineux qui sont répandus dans l'anthéridie finissent par être entièrement évacués. L'endosmose seule ne peut expliquer cette disparition.

M. Reinke affirme avoir fréquemment vu les anthérozoïdes et leur pénétration dans les gonosphéries. Je dois avouer que je n'ai jamais été, malgré de nombreuses observations sur des espèces variées, très-bien portantes, dont la culture était très-floris-

(1) *Loc. cit.*, p. 190. « Ich habe die Spermatozoiden in allen von mir untersuchten » Oogonien gefunden, habe auch in fast allen ihr Einschluepfen gesehen. »

sante et entièrement dénuée d'infusoires, assez heureux pour observer ce qui semble s'être présenté si souvent à lui. Quant à lui, est-il bien sûr de s'être mis en garde contre toutes les causes d'erreur si fréquentes dans ces sortes d'observations? n'a-t-il pas observé des êtres n'ayant aucun rapport avec la plante, qui ont cependant l'aspect et le mouvement de corps agiles ou d'anthérozoïdes? Il ne le dit pas. Les infusoires, cependant, peuvent faire commettre de singulières méprises.

J'ai, du reste, plusieurs raisons pour mettre en doute quelques-uns de ses résultats; il considère comme des formations anormales ces places dégarnies de plasma rencontrées par MM. Braun (1) et Pringsheim; et il prétend qu'elles ne se montrent que sur les oogones qui sont altérés. On peut voir (pl. 1, fig. 4 et fig. 5) que l'oogone qui les présentait un jour, donna le lendemain naissance à deux gonosphéries (2); il était donc en bonne santé et se développa bien.

Il prétend, en outre (3), que la membrane de l'oospore du *S. monoica* est *simple* et munie de *perforations radiales*, donnant un contour en dent de scie sur les lignes de rupture : M. Pringsheim n'a rien signalé de pareil, M. Leitgeb non plus; j'ai pu moi-même voir cette espèce, qui n'offre rien de semblable. Peut-être a-t-il pris les nombreux granules qu'elle contient à la couche périphérique, pour des perforations de la membrane : cette erreur serait si grossière, que j'ose à peine la formuler. En tout cas, la paroi des oospores ne m'a jamais montré la rupture singulière qu'il représente.

Il décrit ensuite une germination des oospores qui s'accompagnerait de particularités assez extraordinaires. D'après lui, l'oogone (*qui est une cellule morte, puisqu'elle est munie de perforations nombreuses et que le contenu s'est résolu entièrement en gonosphéries*) émettrait un prolongement, et dans ce prolongement la membrane de l'oospore se romprait en plusieurs parties;

(1) *Loc. cit.*, p. 188.

(2) Voyez un peu plus loin la discussion complète des opinions émises sur ces formations.

(3) Page 191, pl. XII, fig. 8.

le contenu se résoudrait en plusieurs sphérules de protoplasma qui, « *sans doute* », reproduiraient des filaments.

Tout cela est au moins singulier et repose sur des observations anormales, inexactes ou légèrement faites. Je ne les discuterai pas davantage.

Fécondation.

J'ai voulu me rendre compte de cette évacuation, sur laquelle M. Pringsheim donne peu de détails. Il fallait choisir une plante dans de bonnes conditions, et la chose est assez difficile. Je pris le *Pythium gracile* Schenk développé dans l'intérieur d'un filament de *Vaucheria*. On a vu que M. Pringsheim avait rencontré un mouvement remarquablement vif dans les anthéridies d'une espèce voisine, le *P. monospermum* Pringsh.; la plante n'était en rien altérée, puisque tout était identique dans la nature et sur le porte-objet; les filaments du *Pythium*, protégés par le *Vaucheria*, n'avaient été ni meurtris, ni froissés, et étaient garantis de la pression de la lamelle à couvrir : il y avait donc des conditions particulièrement favorables.

Dans l'un des cas, il y avait un oogone muni de deux anthéridies : l'une était en train d'épancher son plasma ; c'est elle que j'observai de cinq en cinq minutes. Le premier état fut dessiné à cinq heures trente-cinq minutes. Le plasma était en grande partie accumulé d'un seul côté; la portion correspondant à la courbure externe de l'anthéridie était déjà vidée (1).

A cinq heures quarante, après cinq minutes, le plasma a changé de place; il a émis une traînée qui est allée rejoindre le côté opposé, et d'autres traînées se sont anastomosées.

A cinq heures quarante-cinq, les traînées anastomosées ont disparu ; une autre se forme vers la cloison de l'anthéridie.

A cinq heures quarante-neuf, le plasma se contracte et tend manifestement à se condenser vers l'oogone.

(1) Les organes sexuels du *P. gracile* Schenk (*P. reptans* de Bary) n'ont pas encore été signalés ; ils sont identiques avec ceux du *P. Cystosiphon* ou du *P. monospermum* Pringsh., moins les perforations de l'oogone. La planche qui les représente est déjà gravée : les mouvements du plasma décrits ici y sont figurés. Elle paraîtra dans la deuxième partie de cette monographie.

A cinq heures cinquante, cette tendance s'accuse de plus en plus.

A six heures, l'épanchement est manifeste; la quantité de plasma diminue encore.

A six heures deux, un mouvement brownien se produit subitement dans une portion du plasma; les granules, jusque-là, étaient entièrement immobiles. On distingue parmi eux de petits corpuscules brillants, de formes diverses, sphériques ou allongés, et de nature oléagineuse; l'un d'eux a la forme d'un bâtonnet. Sont-ce les corpuscules brillants dont parle M. Pringsheim? Ils s'agitent assez irrégulièrement, tantôt s'engageant dans la masse du contenu, tantôt s'en éloignant : le mouvement est purement moléculaire.

A six heures sept, le bâtonnet s'est à peu près isolé de la masse.

A six heures vingt, le bâtonnet a changé un peu de place et s'est dirigé vers l'orifice : la forme que prend le plasma montre qu'il continue à s'épancher.

A six heures vingt-sept, le bâtonnet est de nouveau engagé dans la masse.

A six heures trente et une, un globule oléagineux, visible depuis quelques minutes, demeure immobile, sans participer au mouvement d'entraînement.

A six heures quarante-sept, le plasma se décompose subitement en un nombre considérable de très-petits globules agités d'un mouvement brownien.

A six heures cinquante-sept, il s'est réuni en une masse qui se relie à la gonosphérie. Le globule oléagineux est demeuré dans l'anthéridie; on en trouve ainsi fréquemment quand elles se sont vidées.

A sept heures vingt-cinq, rien de nouveau ne s'est passé dans l'anthéridie, qui présente le même aspect que précédemment.

Entre cinq heures et demie et sept heures et demie, l'autre anthéridie a présenté des changements notables; des vacuoles qui n'existaient pas au début de l'observation se sont formées à la partie antérieure et à la partie postérieure, premier indice de l'épanchement du plasma, et augmentent successivement de volume; cependant, à sept heures vingt-cinq, l'épanchement est bien moins avancé qu'il ne l'était dans l'autre anthéridie deux heures auparavant. On peut juger, d'après cela, que l'évacuation avait dû commencer au moins deux heures avant l'époque de l'observation, et que l'évacuation complète aurait dû se terminer au plus tôt deux heures après.

Les granules oléagineux, qui ont diverses formes, ne peuvent être pris pour des anthérozoïdes; j'ai observé ceux des *Vaucheria*, qui sont extrêmement différents et beaucoup plus gros. Les bâtonnets ne se voient pas dans toutes les observations; je ne les ai même rencontrés que dans le cas cité plus haut, qui est le plus favorable à la théorie de M. Pringsheim; même dans ce cas, il est impossible d'admettre que ces petits corps, qui n'ont que $\frac{1}{500}$ de millimètre et sont si rares (il n'y avait que deux bâtonnets), puissent être des anthérozoïdes.

Ces observations ont été faites avec un excellent éclairage, à l'aide de la lentille à immersion n° 10 de M. Hartnack, et sur aucune des deux anthéridies je n'ai pu voir à aucun instant de véritables anthérozoïdes : il faut se garder d'ailleurs de confondre les mouvements browniens avec des mouvements ciliaires.

Le mécanisme de l'évacuation semble le suivant : le plasma quitte la partie centrale et n'occupe plus que les parois; les parois elles-mêmes se dégarnissent peu à peu, et des cordons muqueux entraînent lentement les granules; l'ensemble se replie vers l'orifice, et c'est ainsi que s'accomplit le mélange des éléments de la gonosphérie et de l'anthéridie.

Pendant ce temps la gonosphérie du *P. gracile* augmenta notablement de volume ; les granules oléagineux qui la remplissaient montrèrent un diamètre plus considérable. Au commencement comme à la fin, aucune membrane ne se montra : le phénomène de la fécondation n'était probablement pas encore terminé.

Pour que l'autre anthéridie se vidât, il fallait au moins encore deux autres heures, ce qui porte environ à six la durée de l'évacuation totale. D'après ce qui a été dit plus haut, il faut environ un jour pour que toutes les gonosphéries d'une culture en bon état se transforment en spores pourvues d'une membrane.

Ce n'est pas la seule fois que j'aie suivi l'épanchement du plasma, mais l'observation relatée est la plus complète et la plus probante. Des observations analogues ont été faites sur le *P. Cystosiphon.* Ajoutons en outre que les *Pythium* possèdent des anthéridies dont le plasma semble plus granuleux que celui des autres.

Les espèces dont les gonosphéries sont nombreuses présentent des particularités intéressantes. On peut en suivre le plasma, non pas seulement dans l'anthéridie (pl. 1, fig. 10, *a*), mais encore en dehors d'elle (pl. 1, fig. 9). Le prolongement n'y est pas court comme dans l'espèce précédente ; il s'allonge (pl. 1, fig. 14) et se ramifie dans l'intérieur de l'oogone. On y constate les mêmes traînées plasmatiques que dans l'anthéridie ; elles changent lentement de place, mais jamais non plus on n'y voit d'anthérozoïdes ; le contenu est plus clair en général et moins riche en granules que dans le cas précédemment cité.

Il reste souvent, attachées aux parois, de petites masses claires et transparentes presque sans granules ; ce reste du contenu finit aussi par disparaître entièrement : c'est cela qui peut avoir été décrit par M. Pringsheim comme constituant de petites vésicules claires et transparentes ; il me semble impossible d'y voir autre chose que des masses plasmatiques sans importance.

Après la fécondation accomplie et la formation complète des oospores, les processus des anthéridies deviennent, le plus souvent, indistincts et disparaissent.

Dans la plupart des genres des Saprolégniées, il y a évacuation complète des anthéridies. Cependant les Péronosporées semblent faire exception à cette règle : d'après les observations de M. de Bary, que j'ai pu vérifier, les anthéridies, dans ce groupe, sont en partie remplies de plasma, même lorsque l'oogone qui les supporte renferme des oospores mûres depuis longtemps.

« Il est remarquable (1) que, chez ces Champignons, le tube

(1) A. de Bary, *Recherches sur le développement de quelques Champignons parasites* (*Ann. des sc. nat.*, Bot., 4e série, t. XX, p. 17, 18).

poussé par l'anthéridie opère la fécondation par le seul contact. Jamais son extrémité ne s'ouvre, jamais on ne trouve des anthérozoïdes ; tout au contraire, l'anthéridie conserve, jusqu'à la maturation de l'oospore, l'aspect qu'elle présentait au moment de la fécondation. »

Peut-on considérer les Péronosporées comme étant dans les mêmes conditions que les autres Saprolégniées? Évidemment non. Leur situation au milieu d'un tissu appartenant à une autre plante peut produire des modifications particulières dans l'appareil reproducteur. Peut-être une partie seulement du contenu de l'anthéridie est-elle épanchée en quantité suffisante par la fécondation ; la membrane se formant quand cette fécondation est achevée, fermerait le canal, qui reste engagé dans la paroi de l'oospore. En tout cas, il n'en reste pas moins établi qu'ici aussi il n'y a d'anthérozoïdes à aucun instant. Mais si chez les Péronosporées la fécondation s'opère sans rupture de l'appendice anthéridien, il n'en est certainement pas de même dans les autres Saprolégniées (1).

En résumé, la fécondation chez les espèces munies de branches latérales résulte du mélange de la substance de la gonosphérie avec le contenu de l'anthéridie, qui n'est nullement transformé en corpuscules agiles, mais qui s'épanche avec des mouvements communs à tout plasma vivant.

Au reste, à quoi servirait l'appareil ciliaire du plasma décomposé en petites masses agiles, puisque des canaux conduisent la substance fécondante jusque dans l'intérieur de l'oogone, au centre de l'amas des gonosphéries, comme le croyait M. Pringsheim, et plus exactement dans chaque gonosphérie ? Cette objection est d'une grande valeur : elle ne permet pas de s'arrêter à l'opinion de l'illustre professeur.

(1) Dans ces plantes entophytes, où les organes peuvent être soumis à des pressions et à des contractions dues à la plante nourricière, entre les cellules de laquelle elles rampent, il y aurait ainsi excès d'élément mâle, comme pour obvier à l'arrêt possible de l'épanchement fécondateur. Chez les Phanérogames de même, la quantité des grains de pollen produits par les anthères est de beaucoup supérieure à celle qui est strictement nécessaire ; cette abondance est destinée à contre-balancer les influences qui entravent la chute du pollen sur le stigmate.

La durée de l'évacuation de l'anthéridie fournit aussi une démonstration frappante. Voit-on des corps agiles dans les autres groupes de plantes demander un temps aussi long pour quitter leur cellule mère? Que ce soit des zoospores ou des anthérozoïdes, dans les *Vaucheria*, les Œdogoniées, les Fucacées, on n'a pas d'exemple d'un temps d'évacuation aussi long.

Ce qui est réel, c'est qu'on a affaire à une véritable conjugation tout à fait comparable à celle qui se présente dans les Conjuguées. Seulement ici les deux cellules qui se soudent ensemble sont très-différentes de forme et de contenu : chez les Conjuguées, au contraire, une différence de forme se montre seule, et elle est assez faible, même dans les cas où elle est sensible (*Spirogyra Grevilleana* et *insignis*).

Chez les Saprolégniées, il y a un cas où les deux cellules copulatrices sont presque identiques, c'est celui qui est présenté par les *Myzocytium*. Ces petites plantes sont constituées uniquement par des organes de reproduction : le *M. globosum* (1), en particulier, présente des oogones à peu près de même forme que les anthéridies, et les deux organes sont situés bout à bout : la conjugation a lieu par la perforation de la cloison commune ; il en résulte une oospore unique. Ce fait rappelle tout à fait ce qui a lieu chez les *Rhynchonema*, dans les Zygnémacées; et l'analogie entre ces plantes et les Saprolégniées reçoit donc une preuve nouvelle.

Ce qui peut-être arrêta M. Pringsheim, et l'empêcha de s'arrêter à l'idée d'une conjugation, c'est l'opinion qu'il avait à cette époque, que ce mode de reproduction n'a pas lieu par suite d'une fécondation. M. Pringsheim a, depuis, abandonné cette manière de voir et adopté l'opinion contraire (soutenue depuis longtemps par M. de Bary), depuis ses études sur le *Pandorina* et la découverte de la conjugation des zoospores.

On consultera avec fruit diverses notes (2) qui montrent le chemin parcouru par ces savants sur un terrain aussi difficile.

(1) Voyez plus haut, page 21.

(2) *Bot. Zeit.*, 1869, p. 90 et 265. Trad. *Ann. des sc. nat.*, 5e série, t. XII, p. 191 et suiv.

THÉORIE DE M. PRINGSHEIM SUR LA SEXUALITÉ DES SAPROLÉGNIÉES.

Dans le cas où les oogones sont dépourvus de branches latérales, il faut chercher ailleurs l'organe mâle. M. Pringsheim émit, dans un deuxième mémoire (1) sur les Saprolégniées, une théorie complète de la sexualité, théorie qui fait pendant à celle qu'il avait donnée des Œdogoniées. Malheureusement, l'analogie véritable qui existe entre ces deux groupes n'a pas été aperçue par le savant professeur; d'autre part, nous avons vu qu'il avait assimilé à tort les extrémités renflées des branches latérales aux anthéridies des *Vaucheria* : il résulta de là une série d'erreurs que le peu d'abondance et l'état imparfait des matériaux qu'il eut à sa disposition exagéra encore.

Parmi les espèces dénuées de branches latérales, il y aurait, selon M. Pringsheim, deux cas à distinguer :

L'un qui correspondrait à la diœcie. Les espèces dioïques donneraient des anthérozoïdes, produits par certaines cellules formées dans les filaments, et qu'il appelle *anthéridies ;* elles seraient analogues à celles qui terminent les branches latérales.

L'autre qui correspondrait au cas intermédiaire à la monœcie et à la diœcie, qu'il a distingué chez les Œdogoniées : les espèces *gynandrosporiques* émettraient certaines zoospores mâles provenant de sporanges spéciaux, qui produiraient des individus mâles remplaçant les branches latérales.

Nous examinerons cette théorie, et nous verrons que les faits cités par M. Pringsheim se rapportent, dans le premier cas, à des Chytridinées ; dans le second cas, à une espèce décrite plus tard par M. Leitgeb sous le nom de *Dictyuchus monosporus*, et qu'ils n'ont ainsi aucun rapport avec la fécondation des Saprolégniées.

Gynandrosporie et Dictyosporanges.

Analysons d'abord la partie du mémoire de M. Pringsheim relative aux espèces gynandrosporiques.

(1) *Jahrbuech. fuer wiss. Bot.*, 1861, t. II, p. 214.

Selon lui, certaines espèces de *Saprolegnia* et d'*Achlya*, outre les sporanges ordinaires et *simultanément*, en portent encore une deuxième sorte : ce sont ceux dont nous avons parlé plus haut, et pour lesquels le nom de *dictyosporange* a été proposé. Il s'y développe un certain nombre de spores plus petites que les zoospores ordinaires, qui se forment chacune dans une cellule particulière, et qui s'échappent en perforant la paroi. Elles sortent lentement, et laissent dans le sporange l'enveloppe vide qui les contenait ; l'ensemble de ces enveloppes forme un réseau cellulaire élégant ; chaque cellule donne naissance à une ou plusieurs spores. Suivant l'espèce à laquelle appartient le sporange, ce sont des zoospores de *Saprolegnia* ou d'*Achlya*.

M. Pringsheim donne ensuite le développement ultérieur de ces spores dans deux espèces : un *Saprolegnia* et un *Achlya*. Les oogones ne sont perforés ni chez l'une ni chez l'autre ; ceci est pour M. Pringsheim un fait capital, car les quatre espèces dont il a vu jusqu'alors les oogones ont toutes les parois munies de perforations.

Chez le *Saprolegnia*, ces androspores spéciaux se fixent sur l'oogone, s'y développent en petites plantes mâles courtes, analogues aux branches latérales, et faciles à confondre avec elles ; mais avec quelque attention, on peut remarquer qu'ils ne procèdent pas des autres filaments.

Chez l'*Achlya*, ces androspores germent sans se fixer, et produisent des individus mâles ayant à peu près la taille des individus femelles ; ils entourent ces derniers et les enlacent comme des lianes, envoyant de tous les côtés un grand nombre de rameaux grêles qui s'entortillent autour de l'oogone et de son support; ils se renflent à leur extrémité et produisent ainsi des anthéridies.

Dans l'un et l'autre cas, la fécondation était possible ; cependant, malgré la formation normale des gonosphéries, elle n'eut pas lieu ; de grosses gouttes oléagineuses apparurent, et tout périt. L'auteur en conclut la nécessité de l'acte fécondateur non encore démontrée alors.

Il rappelle, en terminant, les faits principaux sur lesquels il base son opinion, et qui sont :

1° La présence simultanée chez le *Saprolegnia* et l'*Achlya* de deux sortes de sporanges, les uns ordinaires, les autres réticulés, donnant des zoospores de même forme, distinctes (?) pour chacune des deux espèces.

2° L'existence de plantes mâles naines dans le cas du *Saprolegnia* cité ; plus robustes et en forme de lianes dans le cas de l'*Achlya*, et produisant les unes et les autres des anthéridies.

Le premier fait lui semble réduire à néant l'opinion de M. Al. Braun, qui voyait dans ces sporanges réticulés l'indication d'un genre spécial, et celle de Meyen, de MM. Cohn et de Bary, qui les considéraient comme des formes anormales de sporanges ordinaires.

Nous avons vu que, chez les *Saprolegnia* et les *Achlya*, les zoospores peuvent, dans l'intérieur même du sporange, germer en produisant un filament, ou présenter un autre mode de germination, c'est-à-dire émettre des zoospores de deuxième forme ; que, dans ce second cas, il résulte de là la formation de sporanges réticulés ou dictyosporanges ; qu'on les rencontre sur des espèces munies de branches latérales, de sorte que les affirmations de M. Pringsheim perdent beaucoup de leur valeur. La présence simultanée de ces deux sortes de sporanges est donc expliquée, et le rôle sexuel qu'il leur attribuait fortement mis en question. Si, du reste, on jette un coup d'œil sur la figure 7 de la planche XXII, représentant la sortie des prétendus androspores d'un *Achlya* dans le mémoire de M. Pringsheim, on y reconnaîtra ce que nous avons déjà signalé plus haut (page 12). Le sporange montre l'ouverture par laquelle une partie des zoospores se sont échappées ; ce qui reste ne le *remplit pas :* on a ainsi la preuve, par cette figure même, que ce sont des zoospores qui n'ont pas été évacuées, et qui ont présenté ensuite le second mode de germination.

Si l'on cherche à retrouver les espèces qu'il a étudiées parmi celles qui sont décrites, on remarque que le *Saprolegnia* à oogones non perforés à l'avance et lisses est inconnu encore ; les détails qu'il donne d'ailleurs ne suffisent pas pour établir une espèce, aussi ne lui a-t-il pas donné de nom ; quant à l'*Achlya*, il rentre pleinement dans le *Dictyuchus monosporus* Leitgeb. Nous le prouverons tout au long plus tard ; il nous suffira de dire que ces deux plantes possèdent simultanément : des dictyosporanges, des sexes séparés, des pieds mâles en forme de lianes, et des oogones non perforés. Ceci constitue un ensemble de propriétés communes qui assure l'identité des deux espèces.

Relevons en passant deux erreurs assez notables. M. Pringsheim dit que les dictyosporanges émettent des zoospores identiques avec celles de l'espèce à laquelle ils appartiennent (1). Nous avons vu plus haut que, dans l'un et l'autre cas, *Saprolegnia* ou *Achlya*, les zoospores de seconde formation sont identiques entre elles et différentes de celles de première, et que l'un des genres ne se distingue de l'autre que par le mode de formation des nouveaux sporanges; et il est bien certain que chez le *Saprolegnia*, ces zoospores de seconde formation n'ont pas deux cils antérieurs comme celles de première.

Il dit ensuite que de chaque cellule il sort *une ou plusieurs* zoospores; ceci est encore inexact, et a été relevé, du reste, par M. Leitgeb dans son travail sur les *Dictyuchus* (2). Une zoospore n'émet *jamais* qu'une seule zoospore de seconde formation ; nous avons insisté là-dessus page 12.

En résumé, des deux espèces soit-disant gynandrosporiques,

(1) « Dieser (Inhalt) gestaltet sich næmlich zu einem zusammenhængenden, das » Sporangium erfuellenden Mutternetz, in dessen einzelnen Zellen je eine oder mehrere » Androsporen entstehen, welche den gewœhnlichen Schwærmsporen der Art in Bau » und Gestalt zwar gleichen...... » (*Loc. cit.*, p. 214.)

Cela semble singulier lorsqu'on sait que M. Pringsheim considérait dans son premier mémoire la forme des zoospores des *Saprolegnia*, *Achlya* et *Pythium* comme identiques. Il ne semble pas du reste avoir changé d'opinion sur ce sujet, car, à propos des zoospores du *Leptomitus lacteus* Ag. (*Sapr. lactea*, selon lui), qu'il représente comme munies de *deux cils antérieurs*, il dit que leur structure est celle des zoospores des autres Saprolégniées : « Sie besitzen 2 cilien und gleichen vollkommen denen anderer » Saprolegnieen. » (P. 233.) Cependant, dès 1852, M. de Bary (*Bot. Zeitung*) avait indiqué la différence entre les zoospores des *Achlya* et des *Saprolegnia*, et dans le volume qui contient le mémoire de M. Pringsheim, il représente très-exactement les zoospores des *Aphanomyces* et des *Pythium*. (Voyez plus haut, pages 10, 11 et 13.)

(2) *Jahrbucch. f. wiss. Bot.*, t. VII, p. 364.

l'une est douteuse, l'autre est le *Dictyuchus monosporus* Leitgeb.

Si les observations de M. Pringsheim sont médiocres, c'est qu'elles portaient sur des plantes rares, incomplètes et mélangées à d'autres, ainsi qu'il l'avoue lui-même ; il semble même prévoir les objections, lorsqu'il déclare ne faire guère autre chose que de montrer la route à d'autres observateurs (1). Les causes d'erreur qu'il a rencontrées sont justement celles qu'ont rencontrées successivement ceux qui se sont occupés des Saprolégniées : c'est pour cela que ces plantes ont été si mal connues au début.

Cependant le *Dictyuchus* présente un intérêt très-réel au point de vue de la sexualité ; c'est la seule espèce connue munie de branches latérales qui semble être *dioïque*. Nous verrons plus loin que le fait n'est pas absolument prouvé, mais qu'il est probable.

J'avais longtemps considéré comme dioïque le *Rhipidium elongatum ;* j'ai cru reconnaître depuis que les filaments mâles (très-différents des filaments ordinaires) partent bien du même pied ; mais c'est souvent fort loin de l'endroit où se trouve l'oogone qu'on retrouve la preuve de l'origine commune.

Il est nécessaire de placer ici l'étude complète du *Dictyuchus monosporus* Leitgeb, pour bien prouver que c'est justement l'*Achlya* cité par M. Pringsheim, et démontrer inexacte la théorie des espèces gynandrosporiques.

Dictyuchus monosporus Leitgeb.

Leitgeb, *Jahrb. f. wiss. Bot.*, t. VII, p. 357.

Ce genre a été établi par M. Leitgeb pour une Saprolégniée dont les zoospores quittent le sporange en perforant la paroi, et laissent dans l'intérieur un élégant réseau cellulaire. Nous en avons déjà parlé, et un pareil sporange a été désigné d'un nom spécial, *dictyosporange*, pour plus de commodité.

Meyen (2) est le premier qui, dans ses recherches sur l'*Achlya*

(1) *Loc. cit.*

(1) *Pflanzenphys.*, t. III, p. 457, pl. X, fig. 15.

prolifera, ait signalé et représenté les *dictyosporanges;* le réseau est, selon lui, constitué par les cellules-mères des zoospores qu'elles ont abandonnées dans l'intérieur du sporange.

MM. De Bary (1) et Cohn (2) en ont observé de pareils : ils les considèrent comme des sporanges d'*Achlya*, chez lesquels les spores n'ayant pu se réunir en capitule, s'entourent cependant d'une membrane et émettent chacune une zoospore à travers la paroi.

M. Pringsheim (3) considère les *dictyosporanges* comme ayant trait à la fécondation; on a vu plus haut le résumé de ses opinions.

M. Kuetzing (4) ne semble pas les distinguer des autres sporanges.

M. Al. Braun (5) pense qu'il faudrait peut-être les considérer comme appartenant à un genre spécial qu'il conviendrait de séparer, et que ce sont des sporanges normaux. C'est à cette opinion que se range M. Leitgeb, et je m'y range après lui.

Cependant l'auteur paraît évidemment tourmenté par la théorie de M. Pringsheim sur les *dictyosporanges*. Il dit à plusieurs reprises qu'il n'a trouvé sur sa plante qu'une seule sorte de sporanges, et que l'espèce étudiée par M. Pringsheim est différente de la sienne. La première affirmation est exacte, la seconde ne l'est pas. Nous examinerons plus loin ses raisons.

Il trouva le *Dictyuchus* au commencement de mars, sur un fragment d'oignon de Tulipe jeté dans l'eau; il transporta la plante sur des Mouches, et elle y végéta bien; de temps en temps il le transportait sur d'autres Mouches fraîches. Il la cultiva ainsi pendant quatre mois.

Le *Dictyuchus* est l'une des espèces que j'ai le plus souvent rencontrées, dans presque toutes les localités, de l'automne au printemps, sur les branches tombées dans l'eau, mais toujours très-rare et par filaments isolés : les sporanges sont fréquem-

(1) *Bot. Zeitung von Mohl und Schlecht.*, 1852, p. 477.
(2) *Nova Acta nat. cur.*, 1854, t. XXIV, p. 158, pl. I.
(3) *Jahrbucch fuer wiss. Bot.*, t. II, p. 214.
(4) *Phycologia generalis*, p. 157, pl. II, fig. 2.
(5) *Verjuengung*, p. 287.

ment en bon état, et j'ai eu le loisir d'observer la sortie des zoospores en mainte circonstance.

Cependant, en mai 1870, je rencontrai cette espèce à peu près pure sur une branche d'Osier, dans une mare de la forêt de Fontainebleau. Transportée sur une autre branche, elle y fructifia vers le commencement de septembre, après quatre mois. Transportée encore sur une autre branche dans le courant de l'hiver, elle se montra à l'état de fructification au mois d'avril suivant. Dans l'un et l'autre cas il est possible que je n'aie aperçu les oogones que longtemps après leur apparition; cependant M. Leitgeb les décrit comme assez fugaces.

La plante lignicole répondant en tous points à celle de M. Leitgeb, j'essayai de la transporter aussi sur une bulbe de *Colchicum autumnale*, coupée en morceaux, et sur une autre de *Tulipa sylvestris :* j'y réussis parfaitement; elle se développa de même, quoique moins bien, sur un Ver de la farine. J'avais donc pu obtenir le développement sur un animal et sur une portion végétale dans des conditions analogues à celles de l'auteur; c'était une vérification (1).

Plus tard, au mois d'octobre 1871, je trouvai le *Dictyuchus* dans un état parfait de pureté et de développement sur un *Limax* tombé dans l'eau d'un fossé à Châteauneuf-sur-Loire (Loiret).

En résumé, les résultats que j'ai obtenus et les observations que j'ai pu faire concordent pleinement avec ceux de l'auteur. Son mémoire est consciencieusement fait et rempli de détails exacts, un peu trop longuement développés peut-être.

La formation du sporange a lieu comme dans le genre *Achlya*.

Le plasma s'accumule à l'extrémité des filaments et une cloison se forme; mais à cet instant les spores ne sont pas séparées les unes des autres : la division s'opère en commençant par le haut, cela est visible le long des sporanges. Dans les sporanges grêles, les spores sont souvent disposées en file; cette variété est

(1) Le développement sur des substratum divers s'obtient sans difficulté : il suffit de plonger le nouveau substratum dans de l'eau qui a baigné quelque temps une touffe de la plante à reproduire; cette eau contient alors des zoospores qui se développent en peu de jours sur la substance qu'on y plonge.

fréquente quand la plante est lignicole, M. Leitgeb la rencontra surtout dans des cultures déjà un peu anciennes. Un cas qu'il signale comme commun, c'est celui où le sporange est formé de trois files de spores terminées par une seule située à l'extrémité du sporange. Les formes qu'il représente sont en général plus trapues et moins allongées que celles que j'ai rencontrées; mais là, comme chez les *Saprolegnia* et les *Achlya*, le substratum doit influer beaucoup. La disposition des sphérules, et par conséquent du réseau qu'elles abandonnent, varie d'autant.

Le nombre des zoospores oscille entre des limites très-éloignées, selon M. Leitgeb entre deux et trois cents. La limite supérieure est beaucoup plus élevée ; j'ai observé un sporange qui en renfermait trois, et un autre qui en contenait plus de sept cents. A l'époque de la sortie, le contour s'altère un peu et devient ondulé sous la pression des globules plasmatiques; chacun d'eux successivement émet un mamelon et donne naissance à une zoospore. Les phénomènes sont les mêmes que ceux qu'on remarque en observant les capitules d'*Achlya ;* ce n'est pas le lieu d'y insister ici. La zoospore épanchée de même est aussi de même forme; tout est comparable. (Voy. page 11.)

La sortie du plasma dure d'une minute à une minute et demie; la formation de la zoospore aux dépens de ce plasma en exige environ vingt.

La zoospore se meut pendant une dizaine de minutes, puis s'arrête, devient sphérique, et germe en émettant un ou deux filaments; je n'y ai pas remarqué de cloison.

Une fois les zoospores sorties, chacune des cellules, qui s'étaient gonflées sous leur pression, revient à sa forme initiale, le contour du dictyosporange alors n'est plus ondulé. On remarque aisément ce gonflement des cellules, lorsque plusieurs spores sont sorties; on voit que la ligne de séparation de deux cellules, dont une seule est vide, n'est plus rectiligne, mais formée d'un arc sensiblement circulaire. Tous ces phénomènes prouvent que la masse de la zoospore subit avant l'épanchement une notable augmentation de volume.

Quelquefois les zoospores ne sortent pas et germent, soit en totalité, soit en petit nombre seulement, dans le sporange. M. de Bary a signalé un fait analogue pour l'*Achlya prolifera*, M. Thuret pour le *Saprolegnia ferax*.

M. Leitgeb fait remarquer que M. Pringsheim dit à tort que plusieurs zoospores sortent parfois d'une cellule unique du sporange réticulé; il n'a, pour lui, rien observé de pareil; mes observations confirment les siennes.

La formation des nouveaux sporanges a lieu ici comme dans les *Achlya*, à l'extrémité d'un rameau né latéralement sous l'ancien sporange; quelquefois de même, une portion de l'axe fait partie du sporange. Chez les individus lignicoles, la ramification était assez rare; dans les cultures de M. Leitgeb, au contraire, elle était abondante et figurait des sortes de sympodes.

Les réseaux demeurent très-longtemps sans s'altérer; ils finissent enfin par se détacher à la base, et tombent ainsi après un certain temps. Il en est de même des sporanges chez les individus trop âgés; ils n'émettent plus de zoospores et se désarticulent au niveau de la cloison inférieure. M. Leitgeb a remarqué qu'après deux mois et demi de culture, la plante, tout en formant de nombreux sporanges, n'émet plus normalement ses zoospores; on voit se présenter des phénomènes qu'il considère comme maladifs et qui sont l'indice que la végétation est épuisée.

L'auteur cultivait le Champignon depuis quinze jours, lorsqu'il aperçut le premier développement des oogones. Ils se forment à l'extrémité de rameaux nés à angle droit sur les filaments. Ils sont sphériques, d'un diamètre égal environ à $0^{mm},025$.

Quant aux filaments qui donnent les anthéridies, rien ne les distingue, à la base, de ceux qui portent les oogones; mais ils en sont bien distincts par leur partie supérieure : ils portent un grand nombre de rameaux grêles et situés à angle droit, qui ne sont jamais terminés par des oogones; ils s'appliquent, au contraire, sur ceux-ci et les entourent étroitement : leur extrémité s'isole par une cloison et l'anthéridie est ainsi formée. On voit souvent les branches d'un même filament s'enrouler autour de plusieurs oogones, se ramifier leur surface et les réunir comme en grappe.

M. Leitgeb semble ne pas reconnaître les plantes mâles citées par M. Pringsheim, qui entourent les plantes femelles comme des lianes. Il dit que rien d'analogue ne se présente dans le *Dictyuchus;* or ses figures, notamment la figure 2 de la planche XXIII, rendent parfaitement compte de cette comparaison. Dans les organes que j'ai vus, j'ai pu vérifier moi-même la justesse de la comparaison.

Il arrive ici, plus fréquemment encore que dans d'autres espèces, que des oogones, même entourés d'anthéridies, ne se développent pas et repassent à l'état de portion ordinaire de filament végétatif. Ceci semble une particularité de la plante.

Dans chaque oogone il se forme une gonosphérie qui, à la suite de la fécondation, s'entoure d'une membrane, devient une oospore et remplit presque entièrement l'oogone. M. Leitgeb n'a pu voir les prolongements partant des anthéridies; la plante est en effet peu favorable à ce genre d'observation. L'oospore est blanche, munie à la maturité d'une grosse goutte oléagineuse centrale, incolore, et présente la constitution des autres oospores; la blancheur seule la distingue de la généralité. C'est à tort que M. Leitgeb s'étonne de voir cette goutte oléagineuse centrale et se demande si de telles oospores sont capables de germer.

Cet auteur a observé qu'une fois les oospores formées, les filaments porteurs des oogones ne tardent pas à se détruire; il en est de même des anthéridies et des branches latérales. Les oogones tombent au fond du vase ou restent isolés çà et là sur le pulvinule du Champignon : ce sont des sphérules entièrement lisses, sans aucune trace d'anthéridies. Dans ses cultures, le développement des organes sexués était limité à un court intervalle; il ne durait en pleine vigueur qu'une seule semaine et diminuait déjà trois semaines après la première apparition des oogones. Dans les miennes, la durée de ces organes était fort longue; je ne les observai très-probablement que longtemps après leur apparition, et ils persistèrent longtemps encore. Cette différence est constante entre les cultures entreprises sur des insectes et sur des branches; dans le premier cas la végétation est plus riche, mais plus tôt terminée.

D'après lui, les individus sexuels se distinguent à peine des autres; ils s'en séparent peut-être par une légère différence de taille et d'aspect; les individus asexués sont un peu plus robustes et moins ramifiés.

Il a observé que les individus sexuels portent aussi des sporanges, surtout les femelles; plus rarement, mais sûrement aussi les mâles. Je n'ai pas été assez heureux pour constater ce fait, je ne le mets pas du reste en doute, au contraire; il a une assez grande importance au point de vue de la théorie de M. Pringsheim, qu'il renverserait presque à lui seul.

M. Leitgeb a tout à fait à cœur de prouver que les dictyosporanges sont bien les sporanges normaux de sa plante, et qu'il n'y en a jamais d'autres : il semble craindre toujours qu'on ne lui oppose l'affirmation de M. Pringsheim, qui a vu deux sortes de sporanges. Voici les preuves qu'il donne :

1° Pendant une étude qui a duré quatre mois, le *Dictyuchus* ne lui montra que des dictyosporanges.

2° Il le transplantait d'une mouche sur d'autres sans difficulté ; il n'en aurait pas été de même si les filaments à sporanges réticulés eussent été des individus sexuels. On peut ajouter, sans crainte de se tromper, car on en a de nombreux exemples, qu'ils seraient redevenus des filaments végétatifs ordinaires. Cependant l'auteur aurait dû opérer d'une façon qui ne donnât pas prise à une objection : il aurait dû ne pas renouveler sa plante en en introduisant une touffe dans l'abdomen d'une mouche nouvelle, comme il le faisait d'ordinaire, mais uniquement au moyen de zoospores, et il aurait vu ainsi bien plus nettement que ces zoospores donnaient le *Dictyuchus*. J'ai fait cette expérience sur une bulbe de Colchique et un ver de la farine, et dans l'un et l'autre cas les zoospores seules (que M. Pringsheim considérait comme des androspores germant librement) reproduisirent des individus munis de dictyosporanges.

3° Il remplaça, dit-il, la touffe de filaments vivants par une touffe de filaments morts depuis deux mois et brunis, mais couverts d'oospores, et il en plaça un flocon dans l'abdomen d'une mouche : deux jours après, la surface de la blessure était garnie d'un coussinet de *Dictyuchus*, qui se développa rapidement. On peut encore objecter qu'il y avait peut-être une portion de filament encore vivante, et que le pulvinule ne proviendrait pas alors de la germination des oospores. Il aurait évité cela en triant les oospores. En exécutant l'expérience précédente, comme il suit, on évite toute objection. Dans l'eau qui baigne un pulvinule il y a un grand nombre de zoospores que le *Dictyuchus* émet à chaque instant; on enlève le pulvinule, on le remplace par une mouche ou par un ver de la farine coupé en morceaux. On ne peut dire qu'il reste un seul filament, puisqu'on a tout enlevé ; l'inoculation ne peut donc provenir que des zoospores. J'ai rapporté que cela avait été fait avec un fragment de bulbe de Colchique et avec un ver; mais ces cultures furent abandonnés pour une cause indépendante de ma volonté (1). Une expérience analogue, faite sur une branche de Tilleul, amena la fructification sexuée, mais au bout d'un temps fort long : c'est l'un des cas cités plus haut.

On est donc en droit de dire que les zoospores sorties des dictyosporanges reproduisent non-seulement des dictyosporanges, mais encore des filaments porteurs, les uns d'oogones, et les autres d'anthéridies.

Cette preuve est sans réplique et montre bien que le *Dictyuchus* est un genre digne d'être maintenu et non pas une forme d'une espèce d'*Achlya* : mais il y a deux faits signalés par M. Leitgeb qui ont aussi une grande importance.

Le premier, c'est que les pieds mâles comme les pieds femelles partent du corps de l'insecte.

Or, M. Pringsheim dit en parlant de ses androspores (p. 216) : « Ils ne s'appliquent pas sur les oogones, mais germent à une place quelconque; les filaments qui en naissent se distinguent à peine des filaments femelles entre lesquels ils se trouvent. »

Il n'est pas question que ces androspores germent sur le substratum qui leur a donné naissance (au sujet duquel d'ailleurs il

(1) Je fus forcé, par suite des événements, de quitter Paris dans les premiers jours du mois de mai 1871.

ne s'explique pas) (1). Le sens du mot *gynandrosporique* aurait été un peu modifié, si l'auteur de la théorie avait reconnu cette implantation et l'opinion du savant professeur un peu ébranlée, car le premier et le second cas des espèces *gynandrosporiques* auraient été trop dissemblables.

Le second fait important, c'est que les individus mâles comme les individus femelles, quoique plus rarement, portent aussi des sporanges réticulés. Il est difficile désormais d'admettre le rôle des zoospores issues de ces dictyosporanges, tel que l'a assigné M. Pringsheim. Si la théorie des espèces *gynandrosporiques* s'applique au *Saprolegnia* cité par lui, elle ne s'applique pas du tout ici. Le second cas est donc complétement en désaccord avec les faits.

J'ai dit déjà plus haut et j'ai répété que le *Dictyuchus* était cette seconde espèce mentionnée, sans nom et sans figure (2), par M. Pringsheim. M. Leitgeb ne veut pas que ce soit elle ; admettant que l'illustre botaniste a reconnu deux sortes de sporanges et qu'il n'a pu se tromper, il faut, dit-il, que l'autre sporange soit une formation anormale ou bien qu'on ait eu affaire à une autre espèce. C'est vers cette opinion qu'il penche, et il tâche de l'étayer en disant que le *Dictyuchus* est dioïque et non gynandrosporique, et que les oogones sont monospores et non polyspores.

Je ne mets pas un seul instant en doute que M. Pringsheim n'ait vu sur le même filament des sporanges de deux sortes, mais seulement cette affirmation que ces anthéridies spéciales appartinssent à un véritable *Achlya* : c'est cette partie seule que je nie. Du reste, M. Pringsheim avoue qu'il s'est servi de matériaux rares ; il *ne croit pas* que ces dictyosporanges (comme le pensent MM. de Bary et Cohn, et comme cela est) puissent provenir de l'altération de certains sporanges d'*Achlya* : il a donc

(1) Il semble pourtant, d'après le texte, que ces Saprolégniées « croissant dans des caux courantes » étaient lignicoles ; cela expliquerait la difficulté de reconnaître si les filaments partent ou non du substratum.

(2) La figure 7 de la planche 22 se rapporte, ainsi que nous l'avons vu, page 60, à un faux dictyosporange d'un *Achlya*.

été conduit à les considérer comme appartenant tous à une même espèce ; de là son erreur. Il a pu se tromper encore en lui assignant plusieurs gonosphéries au lieu d'une seule ; il aura pu confondre plusieurs espèces. Cela tient encore au petit nombre d'échantillons qu'il avait à sa disposition et qui étaient d'ailleurs en assez mauvais état, car aucun oogone n'amena d'oospores ; cela lui aurait permis de vérifier le nombre des gonosphéries, sur lequel il n'insiste pas, du reste.

Quant à l'objection tirée de la sexualité, elle est sans valeur, car M. Pringsheim n'a pas *prouvé* que son espèce fût réellement gynandrosporique. Chez les Œdogoniées c'est évident à première vue, ici il fallait le démontrer.

Je me résume : M. Leitgeb dit, pour montrer que son *Dictyuchus* n'est pas l'espèce de M. Pringsheim, qu'il n'y a pas deux sortes de sporanges ; que les oogones sont monospores et non polyspores, et que la sexualité est différente.

A cela je réponds que M. Pringsheim, par suite de l'insuffisance de ses matériaux, a très-bien pu confondre deux espèces, dont l'une lui aurait accidentellement montré des dictyosporanges, et l'autre normalement, dont l'une aurait eu des oogones polyspores, l'autre des oogones monospores. Enfin, qu'il n'a pas *démontré* que son *Achlya* à plantes mâles en forme de lianes fût gynandrosporique plutôt que dioïque.

Maintenant que nous avons examiné les différences, voyons les analogies. Nous les trouverons beaucoup plus importantes que les différences et d'une bien autre valeur.

Le mode de succession des sporanges réticulés étant celui des *Achlya*, il n'est pas étonnant que M. Pringsheim ait fait rentrer sa plante dans ce genre. En outre, les filaments qui portent les oogones ne sont pas porteurs d'anthéridies ; ces dernières naissent à part sur des filaments spéciaux ne se distinguant pas des précédents par une taille différente ou un autre diamètre. Ces filaments émettent un grand nombre de rameaux, qui entourent les filaments porteurs d'oogones comme des plantes grimpantes : l'expression est juste et les figures que donne M. Leitgeb en sont la preuve ; j'ai du reste pu vérifier le fait. Chez les *Achlya*, d'ailleurs, la forme et la disposition des anthéridies caractérisent les espèces. De plus, les oogones sont entièrement lisses et non perforés, caractères que deux *Achlya* seulement (sur six ou sept) possèdent à la fois. Outre ces particularités, qui concordent parfaitement dans les deux plantes, on trouve une prédisposition à l'avortement des gonosphéries. C'est une particularité plus intime, mais qui se retrouve chez l'une et chez l'autre plante.

Donc le *Dictyuchus* et la plante de M. Pringsheim, qu possèdent des organes essentiels si semblables et même certaines prédispositions identiques, ne constituent qu'une seule et même espèce. Ce qui a éloigné M. Leitgeb de cette idée, c'est que, ne connaissant pas les faux dictyosporanges d'une part, de l'autre ne voulant pas mettre en doute les observations de M. Pringsheim, il a tout tenté pour prouver la différence des deux plantes; mais dans son mémoire, on remarque qu'il s'efforce constamment de montrer la vérité de ses observations, tout en évitant de les opposer à celles de M. Pringsheim.

Nous avons considéré dans cette étude le *Dictyuchus* comme dioïque; mais en est-on bien sûr? C'est le seul exemple connu de diœcie, aussi faudrait-il en avoir des preuves. Il semble bien que cela soit, mais ce n'est pas prouvé. Pour cela il faudrait prendre un sporange né sur un individu femelle, et un autre né sur un individu mâle, en inoculer séparément les zoospores à deux fragments de ver de la farine, ou à deux mouches, et voir si ces deux pulvinules donneraient un pulvinule mâle et un pulvinule femelle. On pourrait encore essayer de placer dans l'abdomen ouvert d'une mouche des filaments mâles et dans un autre des filaments femelles triés avec soin. Ce sont des expériences qui mériteraient d'être faites et qui confirmeraient ce qui jusqu'ici semble très-raisonnable, mais n'est pas démontré.

Ce qui est relatif au *Dictyuchus* a été développé longuement et méritait de l'être à cette place. Cette espèce est le troisième terme d'une série dont les *Saprolegnia*, d'une part, les *Achlya* et *Aphanomyces* de l'autre, sont les premiers termes, et il était nécessaire de montrer que la théorie de M. Pringsheim, en tant qu'elle le touche, est inexacte.

THÉORIE DE M. PRINGSHEIM SUR LA SEXUALITÉ DES SAPROLÉGNIÉES : DIOECIE.

Le deuxième cas de la sexualité chez les espèces dénuées de branches latérales correspondrait, selon M. Pringsheim, à la diœcie (voy. plus haut, page 58).

Il considère comme les organes mâles de ces espèces certaines formations rares et ambiguës, diversement interprétées par les observateurs qui les ont rencontrées ; les uns les considéraient comme des sporanges, d'autres comme des parasites : c'est à cette dernière opinion qu'il faut s'arrêter maintenant. L'historique complet et les raisons qui appuient cette manière de voir seront développés plus loin, quand nous nous occuperons spécialement des parasites des Saprolégniées. Pour le moment, il n'en faut dire que ce qui est nécessaire à l'intelligence du sujet.

Historique.

Le premier qui observa ces formations fut M. Nægeli (1) qui en rencontra deux sortes ; il les considéra comme identiques et constituant un second mode de sporange de l'*Achlya prolifera* (*S. ferax*).—M. Cienkowski (2) adopta cette manière de voir pour l'une d'elles sans parler de l'autre.

M. Al. Braun (3) considère la même formation comme appartenant à un parasite. Plus tard (4), dans un travail spécial sur les parasites, il la nomme *Chytridium Saprolegniæ ;* mais après la lecture du mémoire de M. Cienkowski, ses opinions ont changé, et à la suite de son article sur le *Ch. Saprolegniæ*, il écrit un autre passage dans un sens très-différent. Cet opuscule de M. Al. Braun est le point de départ du mémoire de M. Pringsheim sur les Saprolégniées ; on y rencontre même le germe de ses erreurs, comme la présence des anthérozoïdes dans les corni–

(1) *Zeitschrift. fuer wiss. Bot.* Zurich, 1846, Heft. III, p. 29, pl. IV, fig. 10.

(2) *Bot. Zeitung von Mohl u. Schlecht.*, 1855, p. 801.

(3) *Verjuengung*, p. 286 et 287.

(4) *Ueber Chytridium*, Berlin, 1856, p. 61.

cules des Saprolégniées comparées aux *Vaucheria*, et l'assimilation des formations nægeliennes à une deuxième sorte d'anthéridies donnant aussi des anthérozoïdes. Il dit en effet :

« ..... Cela deviendrait certain si l'on pouvait prouver que les formes des Saprolégniées, qui contiennent les cellules nægeliennes, ne présentent pas de cornicules, et que les corps agiles que ces cellules renferment sont les mêmes que les spermatozoïdes (non encore connus) contenus dans les cornicules. »

M. Pringsheim, dans son premier mémoire sur les Saprolégniées (1), revient en effet sur cette idée ; mais c'est dans le second qu'il donne sa théorie tout entière. Nous en avons déjà vu une partie, nous allons en continuer l'examen.

Voici l'analyse de cette partie du mémoire :

Certains sporanges décrits par M. Nægeli sur des espèces indéterminées ne sont autre chose que des organes mâles d'espèces particulières.

Anthéridies du *Saprolegnia dioica* Pringsh. (2).

M. Pringsheim parle d'abord d'une espèce nouvelle qu'il nomme *Saprolegnia dioica*.

On voit, parmi les filaments de ce *Saprolegnia*, quelques-uns d'entre eux, un peu plus courts, se cloisonner de distance en distance : les portions comprises entre deux cloisons présentent un contenu épais qui bientôt se remplit de vacuoles (pl. 6, fig. 1 *c*, 11 *d*) ; à ces vacuoles succède une quantité considérable de très-petits corpuscules, remplissant entièrement la cellule mère ; leur formation suit immédiatement un certain aspect écumeux de la cellule que nous retrouverons dans toutes les formations suivantes (fig. 1 *c*) ; chaque article présente une ou deux papilles (fig. 6 *o*), l'article terminal en présente une à son extrémité. A un instant les papilles s'ouvrent et les corpuscules sortent et nagent avec une extrême rapidité : ce sont de petits

(1) *Jarbuech. fuer wiss. Bot.*, I, p. 293.—*Ann. des sc. nat.*, 4e série, t. XI, p. 362.

(2) Nous verrons plus loin que cette formation est constituée par un parasite appartenant à la famille des Chytridinées, le *Rozella septigena*. (Voy. pl. 6.)

bâtonnets dyssymétriques munis d'un cil unique (fig. 2), invisible pendant le mouvement, mais rendu visible par l'action de l'iode qui arrête le corps mobile et jaunit le cil. Ils ont une longueur de $\frac{1}{222}$ de millimètre; leur cil est environ triple. Ils ne présentent jamais aucun développement et périssent sans germer. On ne peut donc leur accorder la fonction de zoospores.

D'abord rares, ces sorties des corps agiles deviennent de plus en plus fréquentes, mais elles ont à peu près cessé lorsque se montrent les oogones; on en voit à cette époque une nouvelle apparition, et il arrive même de voir le filament femelle se cloisonner lui-même et donner des anthérozoïdes.

Les oogones de ce *Saprolegnia* sont analogues à ceux du *S. monoica*, mais plus petits et contenant un moins grand nombre de spores; les parois sont de même perforées, mais il n'y a pas de branches latérales; des centaines d'oogones n'en ont pas montré trace (1).

Il n'a pas vu la pénétration des anthérozoïdes dans l'oogone par les ouvertures disposées à l'avance, mais son opinion, dit-il, se laisse facilement justifier sans cela.

En résumé, la preuve qu'on a affaire à un organe véritable de la plante, et non à un parasite, se trouve dans les faits suivants :

1° La simultanéité de ces articles et des oogones;

2° Leur développement normal de haut en bas;

3° L'apparition de la papille longtemps avant la formation des corps agiles;

4° L'analogie des papilles sporangiales des *Saprolegnia* avec celles de ces articles, et surtout avec la papille de l'article terminal;

5° La décomposition des corps agiles, qui périssent sans germer;

6° L'absence constante de branches latérales et la perforation naturelle des oogones.

(1) M. Pringsheim en rencontra cependant quelques-unes, mais très-rares, et dans ce cas, dit-il, les branches latérales n'émettaient pas de prolongement comme les branches latérales ordinaires; il en figure (pl. XXII, fig. 6) un individu, muni de ces cloisons particulières.

Ces raisons paraissent assez convaincantes; mais, sans entrer dans des détails qui seront développés plus loin, donnons tout de suite une réponse à chacune d'elles.

1° Il avoue lui-même que le maximum de développement de ces corps agiles est antérieur au développement complet des oogones; on l'observe même souvent sans qu'aucun oogone n'apparaisse ultérieurement.

2° Le développement de haut en bas s'expliquerait aussi bien dans l'hypothèse d'un parasite. En quoi d'ailleurs ce développement est-il normal?

3° Si la papille est une formation qui dépend du parasite, il n'est pas singulier qu'elle précède l'apparition des corps agiles.

4° L'analogie de cette papille avec celle des sporanges ordinaires est très-discutable et sera démontrée inexacte; la place de la papille de l'article terminal est assez variable; il y en a quelquefois deux, ni l'une ni l'autre n'étant terminales.

5° Chez les Chytridinées, les zoospores germent très-difficilement dans l'eau. M. Al. Braun, dans sa monographie, ne représente pas une seule germination.

6° La perforation des oogones et l'absence de branches latérales démontrent la nécessité des anthérozoïdes, cela est sûr; mais les formations dont il s'agit se retrouvent sur des espèces munies déjà de branches latérales: j'en ai trouvé d'identiques sur le *Saprolegnia spiralis*, et les *Achlya polyandra* et *racemosa* Hild. M. Pringsheim en représente lui-même sur une espèce qui paraît être le *S. monoica*. D'un autre côté, on rencontre le *S. ferax* avec des oogones dénués de branches latérales, sans rien qui ressemble à ces filaments articulés; M. Pringsheim n'a rien décrit de pareil dans son mémoire sur ce sujet (1). MM. Thuret (2) et de Bary (3) n'ont rien signalé d'analogue. On ne les rencontre d'ailleurs pas toujours; ces formations sont accidentelles et n'ont aucun rapport avec la fécondation : elles seront étudiées en

(1) *Entwickelungsgesch. d.* Achlya prolifera (S. ferax) (*Nova Acta Acad. N. C.*, t. XXIII).

(2) *Ann. des sc. nat.*, Bot., 3e série, 1850, t. XIX, p. 229, pl. 22.

(3) *Bot. Zeitung*, 1852, p. 473.

détail un peu plus loin; je propose de les désigner sous le nom de *Rozella septigena*. Le mode de développement en sera indiqué, ainsi que celui d'un second mode de reproduction de ce parasite, qui est constitué par des spores immobiles.

Le *Saprolegnia dioica* Pringsh. semble n'être autre chose que le *S. ferax* (Gruith.), attaqué par le *Rozella septigena*.

Anthéridies de l'*Achlya dioica* Pringsh. (1).

Le second cas de la diœcie s'est présenté sur un *Achlya* qu'il nomme *A. dioica*. Les organes mâles ont les plus grandes analogies avec ceux de l'espèce précédente : les filaments se cloisonnent de même, mais le contenu, au lieu de s'organiser directement en corps agiles, se concentre et, par un développement mal connu, se dispose en sphérules toutes égales, qui ont le même diamètre que les zoospores arrivées au repos. — Plus tard, elles présentent des vacuoles comme les articles du *S. dioica*, puis cette apparence écumeuse dont nous avons parlé; enfin, dans leur intérieur, on voit se former un certain nombre de corps agiles, de vingt à trente dans chacune d'elles (fig. 7). Ils se répandent dans l'intérieur de l'article qui contient leurs cellules mères; celui-ci ne tarde pas à s'ouvrir à son tour par une ou plusieurs papilles, et les anthérozoïdes se répandent au dehors. Par leur structure ils sont identiques avec ceux du *Saprolegnia ;* leur sortie s'opère régulièrement dans chaque article successivement en partant de l'extrémité terminale; après qu'elle a eu lieu, les articles sont remplis (fig. 16 et 17) des sphérules vides qu'ils ont abandonnées.

Le parallélisme des deux organes mâles est complet : chez l'une des espèces, le *Saprolegnia*, il imite le sporange des *Saprolegnia;* chez l'*Achlya*, le sporange des *Achlya*.

Les preuves alléguées pour établir que les organes mâles de l'*Achlya* ne sont pas dus à un parasite, sont les mêmes que dans

(1) Nous verrons plus loin que cette formation n'est autre chose qu'une Chytridinée parasite, le *Woronina polycystis*. (Voy. pl. 7.)

le cas précédent, et elles se rétorqueraient par les raisons qui ont servi à rétorquer les arguments précédents.

J'ai rencontré ces formations sur le *Saprolegnia spiralis* et l'*A. polyandra* Hild., espèces munies de branches latérales. Elles ne caractérisent donc pas plus les *Saprolegnia* que les *Achlya;* elles sont constituées par les sporanges d'un parasite pour lequel je propose le nom de *Woronina polycystis*, et qui sera étudié plus loin.

Les *Rozella septigena* et *Woronina polycystis* vivaient simultanément sur les deux Saprolégniées citées plus haut : le premier occupait parfois des filaments porteurs d'oogones et les branches latérales, comme M. Pringsheim en a figuré un exemple ; il occupait même l'intérieur de l'oogone. — Ainsi loin de servir à la reproduction, il l'entravait.

Les spores immobiles ont été aussi observées chez le *W. polycystis.*

Anthéridies douteuses d'un *Saprolegnia* (1).

Il reste encore, pour compléter l'exposé de la théorie de M. Pringsheim, à parler de l'une des sortes de sporanges à petites zoospores trouvée par M. Nægeli, étudiée ensuite par MM. Cienkowski et Al. Braun, et que ce dernier avait nommé *Chytridium Saprolegniæ.*

Dans son premier mémoire sur les Saprolégniées, M. Pringsheim la considère comme constituant une deuxième forme d'anthéridies.

Il dit en effet (2) : « Je ne crois pas me tromper lorsque je considère comme les anthéridies de ces Saprolégniées dépourvues de branches latérales ces organes qui ont été vus et représentés la première fois par M. Nægeli, qui ont été signalés de

(1) Nous verrons plus loin que ces formations constituent des espèces du genre *Olpidiopsis*. (Voy. pl. 3 et 4, partim.)

(2) Il faut remarquer que M. Al. Braun avait représenté (*Ueber Chytridium*) ces organes chez un *Saprolegnia* (*S. spiralis ?*) *muni de branches latérales ;* ce sont même les premières qui aient été figurées. C'était une première contradiction avec sa théorie que M. Pringsheim aurait pu apercevoir.

nouveau par M. Al. Braun (1), et qui n'ont été enfin décrits et représentés que par M. Cienkowski.

» Ce sont des utricules ovoïdes, de dimensions très-variables, ordinairement très-nombreuses, et qui prennent naissance dans les extrémités renflées des filaments, par une formation cellulaire libre (pl. 3, fig. 1, 4, 6, 8), sans que l'extrémité de l'utricule se soit préalablement divisée par une cloison, comme cela arrive pour les sporanges et les oogones. Le contenu plastique de ces cellules se transforme en un nombre extraordinairement grand de corpuscules mobiles (pl. 3, fig. 4 et 8), dont la dimension est à peine de $\frac{2}{200}$ de millimètre ; ils s'échappent finalement par un appendice, qui, partant de ces cellules ovoïdes, traverse la membrane de l'extrémité de l'utricule pour aller s'ouvrir au dehors. Leur volume, excessivement petit, rend déjà invraisemblable qu'ils puissent avoir, comme M. Nægeli le supposait, la valeur de zoospores.

» Je me suis en outre assuré qu'ils ne germent pas, mais qu'ils dépérissent au bout de quelque temps sur le porte-objet qui sert à l'expérience, sans subir aucun développement. »

Il a rencontré ces formations sur des *Saprolegnia* et sur des *Achlya*, et il les nomme « une seconde forme *encore douteuse* d'anthéridies ».

Tout ce passage procède directement de celui de M. Al. Braun, cité plus haut.

Dans son second mémoire sur les Saprolégniées il revient sur cette idée, mais il est moins affirmatif que pour les productions précédentes ; il donne des détails sur la formation de ces cellules au milieu du filament renflé, il décrit les traînées plasmatiques qui l'entourent, puis le développement du contenu de ces cellules en zoospores, qui rappelle ce qu'on observe chez le *S. dioica* et l'*A. dioica* : ce sur quoi il insiste. Ce sont, dit-il, des organes de même nature ; les corps agiles qui s'en échappent sont identiques et ne germent pas plus dans un cas que dans l'autre.

M. Pringsheim se demande quel est le rôle de ces corpuscules ;

(1) *Jahrbuech. f. wiss. Bot.*, t. I, p. 296. — *Ann. des sc. nat.*, Bot., 4e série, t. XI, p. 362.

ou verra dans le résumé de la discussion à laquelle il se livre, combien il est embarrassé : le deuxième mode de reproduction du parasite constitué par des spores échinées n'est pas fait pour éclaircir la question à ses yeux.

Voici du reste cette discussion :

Ces cellules appartiennent-elles bien au *Saprolegnia?* Cela ne peut faire l'objet d'un doute, car on les trouve à l'intérieur de filaments développés à travers un sporange déjà vidé, ce qui caractérise les *Saprolegnia.*

Ce sont peut-être des parasites ? Mais il faudrait voir comment le germe s'introduit. La question ne sera pas résolue tant qu'on n'en aura pas observé directement l'introduction.

La façon dont elles s'ouvrent au dehors rappelle les *Chytridium* et le *Pythium entophytum*, mais les corps agiles n'ont aucune analogie avec les zoospores caractéristiques des Saprolégniées et des Chytridinées; ils ne germent pas, donc ce sont des anthérozoïdes.

On pourrait peut-être les considérer comme les plantes mâles d'un parasite unicellulaire; les spores échinées seraient les individus femelles appartenant à un Chytridium *ou à un* Pythium.

Ces cellules échinées sont rares. M. Cienkowski en représente sans les distinguer des sporanges; on ne les rencontre cependant jamais vidées.

M. Pringsheim n'a jamais vu d'infusoires ni d'autres organismes pénétrer dans les filaments des Saprolégniées; ni de zoospores de *Chytridium* ou de *Pythium*, ce qui serait facile à voir (?); et d'où viendraient les parasites ?

Il compare ensuite la perforation de la paroi du filament par le prolongement issu de cette formation ambiguë à celle que produisent pour s'échapper les androspores, ce qui pourtant ne peut les faire ranger parmi des parasites.

Ne seraient-ce pas des parasites issus de zoospores mâles, parasites internes, tandis que les androspores germant sur les oogones seraient des parasites externes? Mais ce n'est pas prouvé. On aurait ainsi des formes monoïques, dioïques ou gynandrosporiques, analogues à celles qui ont été vues dans les familles des OEdogoniées et des Coléochétées; mais ici la complication serait plus grande.

On voit que cette idée de parasitisme s'impose à lui, et malgré la grande analogie qu'il trouve avec les organes mâles du *Saprolegnia* et de l'*Achlya*, il n'est pas convaincu. Dans l'explication de la planche, il les désigne sous le nom d'*anthéridies* (?) *d'un Saprolegnia*. Ces anthéridies douteuses, je les tiens, au même titre et pour les mêmes raisons que précédemment, pour un véritable *Chytridium*, comme le pensait d'abord M. Al. Braun, comme inclinait à le croire M. de Bary (1).

Il me suffira de dire qu'elles se rencontrent chez des espèces munies de branches latérales : on peut citer le *Saprolegnia* de M. Al. Braun, l'*Achlya leucosperma* et le *Dictyuchus monosporus* Leitgeb ; on retrouve en outre le second mode de reproduction constitué par des spores échinées. Cette opinion est donc absolument certaine.

Ces cellules libres appartiennent, soit au *Chytridium Saprolegniæ* A. Br., soit à des espèces voisines : tout cela sera examiné plus tard, quand nous les étudierons à nouveau, à un point de vue différent de celui auquel nous nous sommes placé ici.

FÉCONDATION PAR ANTHÉROZOÏDES.

La théorie de M. Pringsheim étant démontrée inexacte, où faut-il chercher les organes mâles des Saprolégniées, peu nombreuses du reste, dépourvues de branches latérales ?

Quand on étudie le *Saprolegnia ferax*, on n'y rencontre jamais, outre les oogones, autre chose que des sporanges. C'est ce qu'ont observé MM. Thuret, Pringsheim et de Bary. Mais si, d'une part, la nécessité de la fécondation est évidente, et si, de l'autre, on ne rencontre que des oogones et des sporanges, on est alors amené à se demander si tous les sporanges qu'on

(1) *Morph. und Phys. der Pilze*, p. 155. — *Ann. des sc. nat.*, 1866, 5e série, t. V, p. 333.

regarde comme identiques entre eux ont bien la même signification et le même rôle.

Monoblepharis, nov. genus. (Pl. 2.)

Dans le genre *Monoblepharis*, la reproduction sexuée a été observée sur les deux espèces à sporanges cylindriques; on y trouve des anthérozoïdes nés dans de petits sporanges spéciaux plus ou moins séparés des autres; ils ont la forme des zoospores et fécondent la gonosphérie unique en se fondant avec elle. C'est par l'étude de ces deux espèces que nous allons continuer, et l'on verra quelle induction puissante on peut en tirer pour les espèces de *Saprolegnia* et d'*Achlya*, chez lesquelles on ne trouve que des sporanges et des oogones. Ces deux espèces de *Monoblepharis* sont identiques, si l'on ne considère que les filaments végétatifs et les sporanges; mais l'appareil de reproduction sexuée montre entre elles des différences considérables et profondes ; c'est lui qui servira à les distinguer.

Oogones; leur développement. — Chez l'une d'elles, l'oogone est sphérique, solitaire à l'extrémité du filament, ou faussement latéral par suite de l'accroissement ultérieur de l'axe au-dessous de lui. Cette forme de l'oogone est caractéristique et suffit pour distinguer cette espèce de l'autre; je propose de la nommer *Monoblepharis sphærica* (pl. 2, fig. 1-6).

L'extrémité du filament, qui doit se changer en oogone, se renfle en massue, puis se gonfle de façon à présenter l'aspect d'une sphère (fig. 2). Le plasma afflue à cette extrémité et se condense bientôt en une foule de grains oléagineux, brillants, jaunâtres et réfringents ; pendant ce temps le renflement sphérique se sépare et s'isole par une cloison. Bientôt après on y constate, comme chez les oogones des autres Saprolégniées, un épaississement notable de la paroi. L'oogone ainsi développé a toujours la même forme.

Immédiatement au-dessous de lui, se trouve une portion, où le plasma finement granuleux, trouble et peu réfringent, présente un aspect entièrement différent, et montre les divers indices d'un sporange en voie de formation (fig. 3 *a*). Elle a une longueur égale à quatre ou six fois son diamètre ; elle n'est nullement dilatée et est la continuation directe du filament qui la supporte, sans qu'il y ait le moindre changement de dimension ou la moindre différence. On remarque seulement un prolongement dirigé vers l'oogone, comme si l'axe s'accroissait latéralement; mais le développement ne va pas plus loin, et cette partie s'isole par une cloison. Elle présente tous les caractères d'un petit sporange : c'est l'anthéridie. Comme l'oogone, elle est constante de forme ; elle occupe aussi une position constante.

Donc, en résumé, les oogones du *M. sphærica* sont *sphériques* et munis d'une anthéridie *unique*, située *au-dessous* d'eux dans le filament. Ils sont généralement *solitaires* et très-rarement géminés. Ces organes ont une forme identique chez tous les individus.

Il est loin d'en être de même dans la seconde espèce. Les oogones y sont de forme différente, suivant qu'ils portent ou non des anthéridies, qu'ils sont solitaires ou groupés; le groupement d'ailleurs est variable comme le nombre et la position des anthéridies; je propose de lui donner le nom de *Monoblepharis polymorpha* (pl. 2, fig. 7-32).

L'oogone, quand il est isolé, est ovoïde, obtus à son extrémité supérieure et tronqué à sa base (fig. 7, 8 et 10) : quand plusieurs oogones sont placés à la file, cette forme est un peu altérée ; l'inférieur porte une sorte de plate-forme latérale sur laquelle vient s'appliquer celui qui est immédiatement supérieur, et ainsi de suite en remontant. On voit que plusieurs dispositions pourront avoir lieu suivant la disposition de la plate-forme à droite ou à gauche, d'un même côté ou non. On trouve parfois un grand nombre d'oogones ainsi superposés, jusqu'à douze. Tantôt ils sont solitaires, tantôt réunis en grand nombre à l'extrémité des filaments; quelquefois ils sont au contraire intercalaires. Ces diverses formes seront signalées ultérieurement quand on fera l'histoire de cette espèce.

De même que celles des oogones, la forme et la disposition des anthéridies et leur situation même sont des plus variables. Tantôt, en effet, comme chez le *M. sphærica*, elles supportent l'oogone (pl. 4, fig. 13 *a*); tantôt elles partent du pied de cet oogone, ou sont situées sur lui (pl. 2, fig. 7 et 8), soit sessiles, soit à l'extrémité d'un filament plus ou moins long. Ces diverses dispositions sont quelquefois mélangées; plusieurs anthéridies peuvent être disposées en file, comme les sporanges, auxquels elles ressemblent entièrement, sauf la taille, et être placées sur eux ; on peut en voir plusieurs sur un même oogone et parfois des oogones réunis en groupe ne portent pas une seule anthéridie. Dans ce cas elles sont en général situées aux extrémités des filaments.

On les confondrait avec des sporanges, n'était leur taille très-réduite, leur longueur moins développée, et surtout la présence d'un grand nombre d'entre elles sur les oogones eux-mêmes ou dans les environs.

La différence entre les deux espèces est bien caractérisée par les oogones jeunes : nous allons voir qu'il y a une différence encore plus grande entre elles pendant et après la fécondation.

Préliminaires de la fécondation. — Lorsque la fécondation est sur le point de s'accomplir, des changements notables se produisent dans l'oogone.

La partie supérieure, indistincte dans l'une des espèces, est un peu proéminente dans l'autre; elle forme une papille obtuse dans le *M. sphærica* (fig. 3). Elle se dissout lentement, laissant à sa place une ouverture dont le diamètre égale jusqu'au tiers du diamètre de l'oogone (fig. 4). En même temps le contenu de l'oogone subit des modifications considérables. Les globules oléagineux uniformément répandus dans tout l'intérieur se rassemblent vers la partie médiane et s'y accumulent. Le plasma se détache de la partie inférieure et il remonte, laissant au-dessous de lui un liquide sans réfringence et sans granules, qui a tout à fait l'apparence de l'eau. En même temps il quitte aussi la partie supérieure et se dispose un peu au-dessous du niveau de l'ouverture. Il est presque incolore, réfringent, non granuleux, et renferme à son centre toutes ces gouttelettes oléagineuses, jaunâtres et brillantes, dont nous avons parlé. Il forme une large bande transversale, qui ne laisse aucune trace de plasma au-dessus et au-dessous (fig. 5). La surface supérieure et l'inférieure sont légèrement bombées; le volume est environ les trois quarts du volume total. C'est la gonosphérie. Elle peut être considérée comme formée d'un globule aplati dans le sens du diamètre vertical; elle ne touche ni la partie supérieure de l'oogone, ni l'inférieure, mais s'applique exactement sur les parois latérales. C'est donc un cas intermédiaire entre les *Œdogonium*, où la gonosphérie est libre, et les *Vaucheria*, où elle s'applique sur toute la paroi.

On voit en même temps dans l'anthéridie se produire une remarquable transformation. Quand elle est située sous l'oogone, comme dans le *Monoblepharis sphærica*, ou sur lui, ou à côté de lui, comme dans quelques formes de l'autre espèce, la simultanéité des phénomènes s'observe aisément. On voit en une vingtaine de minutes les anthérozoïdes se former aux dépens du plasma séparé en petites masses et sortir au dehors. Dans tous les cas, les anthéridies se comportent comme de petits sporanges. Les anthérozoïdes, au nombre de cinq à six chez le *M. sphærica*, sont disposés en file (fig. 4). Il en est de même chez le *M. polymorpha*, le plus généralement; cependant on y rencontre des anthéridies plus riches en corps agiles, surtout lorsqu'elles ne sont pas dans le voisinage des oogones. La segmentation du plasma et la sortie des anthérozoïdes sont identiques en tout point à ce qui a été dit à propos des zoospores. Ajoutons encore que les anthérozoïdes ont la même constitution qu'elles et n'en diffèrent que par leur taille moitié moindre (1).

La fécondation a lieu par la fusion des éléments de la gonosphérie avec ceux d'un anthérozoïde, après la pénétration de ce dernier dans l'intérieur de l'oogone. Les moyens qui facilitent cette pénétration sont assez spéciaux.

Chez le *M. sphærica*, l'ouverture de l'anthéridie est placée presque sous l'oogone et dirigée vers lui (fig. 5). Chaque anthérozoïde à sa sortie touche le plus souvent l'oogone : s'il ne le

(1) Cependant on doit dire que les premiers anthérozoïdes seuls montrent le singulier mode de traction du cil (voy. p. 15); les derniers (comme les dernières zoospores demeurées au fond du sporange) s'échappent presque librement les uns après les autres.

touche pas, il s'échappe et nage dans le liquide comme une petite zoospore; s'il le touche, au contraire, il y reste adhérent et demeure comme attaché à sa surface.

Chez le *Monoblepharis polymorpha*, l'extrémité de l'anthéridie est libre et s'ouvre à l'extérieur, loin de l'oogone; les anthérozoïdes sortent et nagent comme des zoospores. Au bout de quelque temps, lorsqu'ils sont en assez grande abondance dans la préparation, on les voit entourer les oogones arrivés à l'état indiqué plus haut et se fixer à leur surface pour y ramper. J'ai vu plusieurs fois des anthérozoïdes, nageant en ligne droite et avec rapidité, rencontrer un pareil oogone et s'y fixer en s'arrêtant *brusquement;* ils heurtaient cependant les filaments végétatifs, les oogones trop jeunes ou déjà munis d'oospores, mais sans jamais s'y arrêter.

Quelle est la cause qui les retient; est-ce un mucus ou toute autre matière? On observe ici une cause analogue à celle qui dirige les anthérozoïdes des *Œdogonium* monoïques vers l'orifice de l'oogone. Cependant cet arrêt brusque ferait plutôt croire à une force mécanique les assujettissant à la surface.

Lorsque les anthérozoïdes se sont fixés sur l'oogone, ils s'y déplacent lentement en rampant à la manière des Amibes (pl. 2, fig. 11-21); ils portent dans un sens ou dans l'autre telle ou telle partie de leur plasma : on voit alors le reste suivre; on constate le glissement des granules dans l'intérieur; mais, d'après leur nombre ou leur position, on ne peut dire que ce soit plutôt la partie antérieure qu'une autre partie quelconque, qui dirige le reste. Ils se meuvent ainsi dans une direction ou dans une autre, tantôt à droite, tantôt à gauche, prenant les formes les plus variées. Dans cette reptation, le cil est le plus souvent placé perpendiculairement à la surface; faut-il en conclure que c'est la partie antérieure qui en est la cause? Le cil, du reste, reste roide, mais oscille lentement, changeant de direction lorsque la partie qui le supporte change de place; il est étranger à l'origine de ce mouvement et est entraîné par lui. L'anthérozoïde demeure, sans s'en éloigner beaucoup, sur les parties de l'oogone voisines de l'ouverture, mais n'y pénètre souvent qu'après un temps fort long. C'est d'ailleurs une preuve qu'il peut demeurer longtemps sans arriver au repos, faculté qu'il partage avec les zoospores.

Dans l'une des préparations soumises à l'examen microscopique se trouvait un oogone incomplétement ouvert, probablement par suite d'un accident si fréquent dans ces végétaux délicats (fig. 10) ; la gonosphérie était en bon état ; cinq anthérozoïdes étaient fixés sur l'oogone, et pendant six heures un quart que je les observai, ils tentèrent de pénétrer dans l'intérieur sans pouvoir y réussir : leur vitalité est donc très-grande (1). Les uns demeurent presque immobiles et remuent à peine ; d'autres sont plus actifs et se déplacent rapidement (fig. 11-17 et 18-21). Quelques-uns même, plus ou moins agiles sur l'oogone, peuvent s'en détacher brusquement et se mettre à nager dans le liquide.

Fécondation : formation de l'oospore. — La fécondation s'opère par la pénétration d'un anthérozoïde par l'ouverture largement béante de l'oogone.

J'ai constaté sur le *Monoblepharis sphærica* les divers phénomènes qui viennent d'être décrits. J'ai observé plusieurs fois la sortie des anthérozoïdes et leur mouvement à la surface de l'oogone (fig. 5), mais sans voir la pénétration directe. L'existence d'une oospore située dans l'intérieur de l'oogone, la position constante des anthéridies, placées d'une façon invariable, et la présence des anthérozoïdes montrent clairement comment la fécondation doit avoir lieu. Il y a là une analogie extrême avec ce qui se passe chez les *Œdogonium* monoïques ; malgré ces indications, je n'ai pas vu toutes les phases de la fécondation. Si j'avais eu la plante en bon état pour longtemps et le loisir de l'étudier, j'aurais pu la suivre ; mais j'étais gêné par le temps et la petite quantité de matériaux d'étude ; il y avait en présence deux espèces, dont l'une rappelait plusieurs genres d'Algues connues, et dont l'autre, au contraire, s'éloignait notablement de ce

(1) Je n'ai vu ni le commencement ni la fin du mouvement ; la préparation se dessécha pendant une interruption. La durée possible de ce mouvement est donc encore supérieure à celle qui est donnée ici.

qu'on est habitué à voir; elles se trouvaient ensemble : celle qui semblait la moins intéressante fut donc sacrifiée pour l'autre. Cet exemple montre les difficultés que présente l'étude des Saprolégniées. La culture de ces espèces est très-incertaine et réussit incomplétement; on a donc un double obstacle à surmonter, celui qui provient de l'observation et celui qui provient de la conservation incertaine du sujet. On doit donc se restreindre strictement à la partie la plus importante.

Cependant les observations ne firent pas complétement défaut.

La gonosphérie, après avoir quitté les parois latérales de l'oogone, devient sphérique, et se tient au centre de la cavité: elle est munie d'une membrane mince et lisse au début. Il ne reste plus aucune trace des anthérozoïdes, qui, au nombre de deux ou trois, placés à la partie supérieure de l'oogone, y rampaient lentement, non loin de l'ouverture. Ce qui n'a pas été vu, c'est l'instant précis où la gonosphérie se détache des parois en perdant sa forme aplatie et devient sphérique. Il est facile, du reste, de combler cette lacune par la pensée, surtout après l'examen du *Mnoblepharis polymorpha.*

Chez cette dernière espèce, l'oospore *est extérieure à l'oogone* et y est cependant adhérente. Ce fut une des premières Saprolégniées lignicoles que je récoltai; elle avait depuis longtemps accompli sa végétation, il n'en restait que des lambeaux, et je ne compris pas d'abord la signification de cette oospore extérieure; ce ne fut que plus tard, après avoir rencontré le *Monoblepharis sphærica*, que je m'en rendis compte. Mais comment cette oospore sort-elle de l'oogone? C'est ce que je tâchai de voir et d'observer de préférence à tout le reste.

Chez le *M. polymorpha*, la fécondation a pu être suivie; elle y présente des phénomènes spéciaux.

La gonosphérie y forme ce gros globule aplati dont nous avons parlé plus haut, et qui remplit incomplétement l'oogone; la partie antérieure est, comme dans les *Œdogonium* (1), plus claire et non granuleuse. Les anthérozoïdes rampent à la surface de l'oo-

(1) Fig. 10 *k*, fig. 22 *k*. C'est la tache germinative (*Keimfleck*). Les gonosphéries des autres Saprolégniées n'en présentent pas.

gone, et l'un deux arrive enfin à rencontrer l'ouverture (fig. 23). La matière qui le constitue s'épanche comme un corps visqueux sur la surface de la gonosphérie. On lui voit prendre la série des formes indiquées dans les figures 23-27 et dessinées pendant cet instant. L'abouchement et la fusion durent deux minutes en tout. Il demeure quelque temps distinct de la gonosphérie ; le cil visible et roide restant en arrière. Mais il disparaît deux minutes après environ, soit qu'il se réunisse à la masse, soit qu'il se dissolve dans le mucus de la partie antérieure de la gonosphérie.

La gonosphérie alors, par un mouvement lent, se renfonce dans l'oogone jusqu'à la base et y demeure environ cinq minutes : elle s'applique sur la cloison basilaire sans en remplir cependant très-exactement les angles.

Après ce laps de temps, la gonosphérie se détache du fond en commençant par les angles (fig. 28) et s'épanche lentement au dehors. On peut suivre aisément la marche des globules qui sortent par l'ouverture, d'un mouvement continu, avec le plasma qui les environne (1). Cette sortie dure en tout huit minutes; l'épanchement du plasma arrivé à l'ouverture en dure environ cinq (fig. 28-31).

A quoi sont dus ces mouvements ? L'endosmose seule est impuissante à expliquer l'un et l'autre ; il y a donc ici une cause en dehors des raisons purement physiques.

La sortie n'a lieu qu'après la fécondation, je m'en suis bien rendu compte. Dans un grand nombre de cas j'ai rencontré des oogones où la gonosphérie, prête à être fécondée et en bon état, ne subissait l'action d'aucun anthérozoïde, soit qu'il n'y eût pas dans la préparation, soit qu'ils ne se fussent pas fixés sur l'oogone, et, même après plusieurs heures, la gonosphérie ne s'échappait pas. Au contraire, je vis plusieurs fois des anthéridies émettre sous mes yeux leurs anthérozoïdes, la fécondation avoir lieu, et la gonosphérie sortir au dehors dans l'espace de moins d'une heure.

(1) Dans les figures de la planche 2, les globules ne sont pas représentés, parce que leur position exacte n'a pu être dessinée pendant ce mouvement.

Je dois cependant dire que ce mouvement du plasma en arrière dans l'oogone ne se montra pas toujours; mais je le tiens cependant pour le cas normal, car il m'est apparu dans des circonstances de santé de la plante et d'observation les plus favorables.

La gonosphérie fécondée a quitté l'oogone sans y laisser un seul globule; elle est située à l'ouverture (fig. 31), le contour en est parfaitement sphérique; mais elle ne flotte pas dans le liquide, et demeure encore adhérente aux bords de l'orifice. Elle n'est, du reste, munie d'aucune enveloppe, cela est mis hors de doute par la façon dont elle vient de s'épancher. Après un quart d'heure les contours sont plus nets et semblent indiquer déjà la formation d'une membrane (1).

Les globules, qui primitivement à la sortie sont disséminés, se rassemblent au centre et prennent un aspect plus nettement délimité. D'autre part, le plasma qui les entoure devient plus aqueux et plus clair.

La membrane de l'oospore est mince, lisse et incolore, dans les premiers instants, lorsqu'elle est très-jeune; au bout de quelque temps elle change tout à fait d'aspect. Comme, dans les deux espèces, la constitution est identique et le développement est le même, ce qui va suivre s'applique aux deux.

Plus tard cette membrane se couvre d'ornements qui méritent une mention spéciale, parce que, là encore, le genre *Monoblepharis* s'éloigne de tous les genres de la famille. La paroi de l'oospore (fig. 6), même après un fort long temps, lorsque cette dernière flotte dans l'eau après avoir quitté l'oogone, c'est-à-dire à l'époque de la maturité parfaite, ne peut se dédoubler, comme cela a lieu chez les Péronosporées, et particulièrement les *Cystopus* (2), qui présentent aussi des ornements; ainsi on ne voit pas d'endospore bien distincte de l'épispore. La membrane, qui semble simple et qui est probablement double, se

(1) Le nombre des préparations sur lequel ces faits furent observés fut assez restreint; je n'ai pas voulu les perdre en les traitant par un réactif, pour démontrer un fait sur lequel on a déjà beaucoup de données. Il suffira de citer les exemples analogues de production de membrane dans la fécondation des Fucacées, *Vaucheria*, Œdogoniées, etc.

(2) Voyez de Bary, *Ann. des sc. nat.*, Bot., 4e série, 1863, t. XX, pl. 2, fig. 6.

couvre en vieillissant, à sa partie externe, de verrues très-petites et hémisphériques, en même temps qu'elle se fonce en couleur et prend une teinte brune. Ces verrues sont transparentes et réfringentes, et semblent participer à cette couleur brune; mais quand on ne s'en tient pas à un examen superficiel et qu'on les examine soigneusement en changeant le point et faisant mouvoir la vis du microscope, on remarque qu'elles sont incolores et que l'illusion provient d'un phénomène de réflexion totale à leur intérieur.

Le centre de l'oospore est rempli de granules oléagineux jaunâtres, tous égaux, pressés les uns contre les autres, et dont la masse est notablement distante des parois. La germination de ces oospores n'a pas été observée.

Si l'on cherche par l'action des réactifs chimiques à se rendre compte de la nature des parois, voici ce que montre le chloro-iodure de zinc. La coloration de la membrane par ce réactif n'a lieu qu'à la longue et après plusieurs heures : la teinte est violet pâle et indique la présence de la cellulose; mais à aucun instant les ornements de la surface ne se colorent : ils demeurent entièrement hyalins, et se voient mieux encore quand l'oospore a été écrasée. La coloration de la membrane de l'oospore est assez intense en comparaison de celle que prennent les oogones, qui ne se colorent que très-faiblement; quant aux filaments, leur teinte est à peu près insensible, ainsi qu'il a été dit plus haut (page 16).

Le diamètre de l'oospore varie de $0^{mm},016$ à $0^{mm},027$ environ, dans le rapport de 3 à 5; il est en général un peu plus faible chez le *M. polymorpha* que chez l'autre espèce. La teinte varie beaucoup aussi, mais dans les limites que l'on conçoit, depuis l'état jeune, où elle est incolore, jusqu'a la maturité; elle offre alors une teinte d'un brun rougeâtre. Dans les deux espèces les oospores sont tellement semblables, qu'on ne peut les distinguer les unes des autres (1).

(1) La planche 2 ne donne pas une idée des formes variées du *M. polymorpha*; de nouvelles figures seront données ultérieurement : l'oogone de la figure 22 était intercalaire ; la portion de filament qui lui était adhérente s'est détachée.

Cette similitude extrême des oospores, l'identité absolue des organes de la végétation et de la reproduction par zoospores, ne permettent pas de songer un seul instant à séparer deux espèces aussi voisines et de les placer dans deux genres distincts ; et cependant, à ne considérer que le mode de formation de l'oospore, on trouverait entre elles des différences considérables et presque génériques. Quoiqu'on puisse donner à cette idée des développements qui la rendraient plus saisissante, il est inutile d'y insister : il est bon d'ailleurs de noter que certains cas tératologiques montrent d'une façon irréfragable le lien qui unit ces deux espèces.

Dans certains cas, en effet, la gonosphérie du *Monoblepharis polymorpha*, ne pouvant s'échapper de l'oogone, s'y entoure directement d'une membrane, imitant en cela le *M. sphærica ;* mais la cavité de l'oogone étant trop petite pour la contenir à l'état sphérique, la spore se moule sur les parois ; d'autres fois elle ne s'échappe que partiellement (1). La portion adhérente aux parois ne se couvre pas alors de verrues réfringentes.

Enfin on observe, quoique beaucoup plus rarement, un fait caractéristique, et qui est fort remarquable : la gonosphérie du *M. sphærica* sort quelquefois en partie de l'oogone comme dans l'autre espèce ; je ne l'ai observé qu'une seule fois. Il y a donc passage réel d'une espèce à l'autre par les cas tératologiques qui viennent d'être cités.

Or, on peut de ces faits tirer une conclusion particulière au groupe dont nous nous occupons, et qui pourra avoir son importance générale. Le mode de reproduction asexuée est très-constant le plus souvent et caractérise le genre ; le second mode de reproduction caractérise l'espèce. Nous en voyons un exemple très-net chez les *Saprolegnia*, les *Achlya* et les *Aphanomyces ;* chez les *Pythium*, au contraire, il y a, comme chez les *Monoblepharis*, une variation considérable dans la forme des sporanges et même dans le mode d'émission des zoospores. Chez ces derniers, le se-

(1) Dans un oogone, j'ai rencontré deux petites oospores provenant évidemment de la division de la gonosphérie unique, séparée accidentellement en deux parties.

cond mode de reproduction présente aussi des différences assez importantes. La conséquence générale, c'est que, même pour un groupe très-circonscrit, il ne peut y avoir une caractéristique certaine, un criterium parfait pour le genre, puisque, dans des plantes si voisines, les propriétés constantes chez les unes deviennent variables chez les autres, et réciproquement.

Maintenant que l'existence de véritables anthérozoïdes est démontrée et hors de doute dans les Saprolégniées, on voit que M. Pringsheim avait méconnu, comme il a été dit page 58, la véritable analogie de cette famille avec celle des Œdogoniées. — Les caractères communs ne se rencontrent que dans le genre *Monoblepharis*. On y trouve en effet des anthérozoïdes semblables aux zoospores, présentant le même mode de sortie hors de l'anthéridie, et fécondant un oogone à large ouverture contenant une gonosphérie unique. — La ressemblance est la même avec les Coléochétées. Il n'y a pas, parmi les Algues, de groupes qui se rapprochent autant des *Monoblepharis* que ces deux-ci. Les analogies sont cependant toutes générales et les différences sont assez sensibles pour qu'on n'y insiste pas.

Quant à l'oospore externe, elle rappelle de loin les oospores libres des *Fucus*, du *Pandorina*, et du *Gonatozygon*, cette singulière Desmidiée chez laquelle la fusion du contenu des cellules accouplées s'accomplit dans le liquide extérieur.

Saprolegnia et *Achlya* dépourvus de branches latérales (1).

Revenons maintenant aux *Saprolegnia* et *Achlya* dépourvus de branches latérales, chez lesquels bien des observateurs n'ont trouvé aucune de ces formations parasites prises à tort par M. Pringsheim pour des anthéridies. Ces observateurs, dont les noms sont faits pour inspirer de la confiance, sont MM. Thuret, de Bary, et M. Pringsheim lui-même. J'ai plusieurs fois observé le *Saprolegnia ferax* muni d'oogones avec spores immobiles, et,

(1) On a vu plus haut que les deux espèces dans ce cas sont les *S. ferax* (Gruith.) et l'*A. prolifera* Nees (*A. dioica* Pringsh.). Je n'ai rencontré que la première.

quoique je fusse désireux de rencontrer les organes mâles, je ne trouvai jamais que des sporanges. Mais après ce qui vient d'être dit des *Monoblepharis*, on est conduit à se demander si tous les sporanges sont bien identiques et si quelques-uns, comme dans le genre précédent, ne seraient pas des anthéridies, et les s pores agiles contenues dans leur intérieur, des anthérozoïdes. Cette supposition n'a rien de déraisonnable, puisqu'elle s'appuie sur l'analogie avec d'autres espèces et sur l'absence d'autres organes mâles.

Le lecteur peut s'étonner que les observateurs n'aient pas découvert une chose si simple, ou ne l'aient pas encore vérifiée, s'ils en ont eu l'idée. Il suffira de répondre que nous retombons encore ici dans des difficultés assez considérables, qu'il n'est pas toujours possible de surmonter toutes.

Il est assez aisé d'obtenir pure une espèce de *Saprolegnia* quelconque et de la mener jusqu'à la fructification oogoniale ; mais il est rare de l'obtenir en très-bel état et se prêtant commodément à l'observation. Il faut pouvoir la cultiver sur le porte-objet et ne pas examiner des touffes arrachées ou brisées, car dans les études délicates que réclame la fécondation, la libre évolution des organes intervient pour beaucoup ; de plus, les filaments sont fréquemment couverts d'infusoires qui fatiguent et tuent la plante. Dans le genre qui nous occupe, les zoospores ordinaires, dont le mouvement dure si peu, s'arrêtent en un endroit quelconque, encombrent la préparation et la rendent moins claire.

Il serait, en outre, assez difficile de distinguer, comme chez les *Monoblepharis*, les sporanges des anthéridies, puisqu'ils sont mêlés : leur taille est probablement différente, mais il y a des sporanges de toute taille. Ce qui déroute surtout, c'est que les anthéridies ne sont pas à une place déterminée, dans une espèce au moins : elles sont irrégulièrement disposées chez le *M. polymorpha*, parfois très-loin des oogones et sont semblables aux sporanges ; mais chez le *M. sphærica*, dont l'analogie avec l'autre est si grande, leur existence et leur rôle sont hors de doute, leur position les fait reconnaître même par un observateur superficiel.

Une autre difficulté provient de ce que l'oogone est muni d'un grand nombre de perforations et non d'une seule : chez les *Vaucheria* et les *Œdogonium*, on n'a à surveiller qu'un orifice unique largement ouvert : ici il y en a plusieurs; les anthérozoïdes peuvent pénétrer par un nombre considérable d'ouvertures, sans qu'on puisse les apercevoir; tandis que chez les Algues précédentes et les *Monoblepharis* tout ce qui se passe à l'orifice est visible. C'est à ces causes réunies qu'il faut attribuer l'état peu avancé de nos connaissances sur ce sujet. — Quoique cela n'ait pas été prouvé directement, il me semble établi par analogie, que la fécondation doit avoir lieu dans les espèces dénuées de branches latérales, par des anthérozoïdes semblables aux zoospores ordinaires et naissant dans des anthéridies faciles à confondre avec les sporanges.

Il pourra sembler singulier à quelques personnes que dans plusieurs espèces il y ait fécondation sans anthérozoïdes, mais par conjugaison, comme cela a été montré plus haut, et que, dans d'autres du *même genre*, il y ait au contraire fécondation par anthérozoïdes. Mais on ne doit pas s'arrêter à une objection pareille. Il est tout aussi étonnant (qu'on admette ou non l'existence des anthérozoïdes semblables aux zoospores) que, dans certains cas, il y ait des branches latérales et qu'il n'y en ait pas dans d'autres, parmi les espèces d'un seul et même genre. On pourrait comparer ce fait, dans un ordre d'idées tout différent, avec celui qui se présente chez les *Peronospora*. Dans le même genre, des spores de même forme et de même apparence, nées de la même façon et d'un développement identique, sont, les unes des sporanges, et d'autres de simples acrospores; les unes émettant par germination des corps agiles, et les autres un filament-germe (1). L'analogie est assez étroite avec ce qui vient d'être dit et peut se soutenir : chez nos Saprolégniées, certains filaments sont terminés par des cellules donnant des corps agiles (anthérozoïdes), d'autres par des cellules donnant

(1) Les conidies de la même espèce peuvent, dans certains cas, donner naissance soit à des zoospores, soit à un filament-germe. (De Bary, *Développement des Champ. par.*, p. 42, pl. 5, fig. 4.)

un filament (anthéridies des branches latérales), sans que ces cellules terminales se détachent du filament qui les porte. Cela revient à dire que, dans un même genre, l'élément plasmatique destiné à la fécondation (élément mâle), comme l'élément plasmatique destiné à la reproduction asexuée (zoospores), peut être ou non doué de mouvement.

C'est une preuve du peu d'importance de l'appareil de propulsion et de la valeur très-grande au contraire de la partie plasmatique (1) ; ce qui confirme les opinions généralement admises en France.

Il est possible et il est à souhaiter qu'on trouve une espèce qui rende plus faciles et moins incertaines que chez le *S. ferax* la recherche et l'observation des corps mâles : c'est une question d'un grand intérêt qui se pose ici, et il serait à désirer qu'elle excitât l'émulation des botanistes.

DES OOSPORES.

Description des oospores.

L'action de l'organe mâle sur l'organe femelle détermine la production d'une membrane autour des gonosphéries et les transforme en des spores sphériques immobiles ou *oospores*. De quelque façon qu'ait lieu le mélange des deux substances, l'une contenue dans l'oogone, l'autre dans la gonosphérie, le résultat est le même.

Cette spore est sphérique et présente dans tous les genres une structure presque identique. La membrane de la spore est composée de deux parties, l'une externe et dure, l'*épispore*, qui crève lors de la germination et laisse l'interne, ou l'*endospore*, faire

(1) Dans un mémoire récent sur la reproduction des Fougères, M. Strasbuerger prétend, contrairement à l'opinion de M. Roze, que l'acte fécondateur est accompli non pas par le globule plastique de l'anthérozoïde, mais par la partie ciliaire : c'est l'opinion soutenue auparavant par M. Hanstein et généralement admise en Allemagne. Ce qui vient d'être dit ici est formellement en contradiction avec les idées de ces savants, qui voudraient attribuer une importance trop grande à des organes aussi variables. (Strasbuerger, *Mém. de l'Acad. impér. des sc. de Saint-Pétersbourg*, 7e série, 1868, t. XII, n° 3, trad. *Ann. des sc. nat.*, Bot., 5e série, t. IX, p. 241. — Voyez la réponse de M. Roze, *Bull. Soc. bot. de France*, t. XIX, séance du 9 février 1872.)

hernie au dehors. Le contenu est formé de deux parties en général ; un ou plusieurs globules oléagineux occupent le centre et sont plongés dans un plasma granuleux et plus sombre.

Décrivons d'abord plus exactement les oospores de l'un des genres, et nous verrons après en quoi diffèrent celles des autres genres.

Elles sont identiques dans les *Saprolegnia*, *Achlya* et *Aphanomyces*. L'épispore y est très-faiblement colorée, assez mince et complétement lisse ; le contour est exactement circulaire. L'endospore est plus pâle, un peu trouble, d'apparence plasmatique et n'est visible que sur les oospores mûres.

Il n'y a entre les deux, quoi qu'en dise M. Pringsheim (1), aucune membrane intermédiaire ou aucune partie plasmatique ; je n'ai du moins rien pu voir de semblable. Quand on traite, soit par l'acide sulfurique et l'iode, soit par le chloroiodure de zinc, une oospore mûre, on colore en bleu la partie externe et la partie interne de la double membrane ; l'intermédiaire, qui est très-probablement la partie interne de l'*épispore*, se colore plus faiblement. Si le réactif possède une teinte jaune, elle se colore un peu en jaune ; si au contraire on emploie du chloroiodure de zinc récemment préparé (par l'action de l'acide chlorhydrique sur l'iodure de zinc) et presque incolore, elle ne se colore nullement en jaune comme les matières plastiques, mais seulement en bleu pâle. — Pour que l'épispore et l'endospore se séparent nettement, il faut attendre assez longtemps après la fécondation.

Le contenu est composé d'un globule oléagineux central, qui remplit presque toute la cavité : il est en général coloré en jaune ou en brun pâle. Le plasma qui l'environne est formé, soit de globules extrêmement petits, soit de globules plus gros (de telle sorte qu'il y en ait de 8 à 10 dans un quart de cercle), rangés avec une régularité parfaite : cela semble tenir aux espèces et aussi à l'âge de la plante. Il y en a une, deux ou trois assises suivant les cas. — L'*Achlya racemosa* Hild. présente quelquefois ce

(1) *Entwick.*, p. 424.

fait; il en est de même du *Saprolegnia spiralis*. — Il semble même que cela ne se montre que dans des oospores très-âgées.

Parfois le globule oléagineux n'apparaît pas, quoiqu'il soit assez constant, mais il n'est pas, comme le croirait M. Leitgeb (voy. p. 67), un indice de la mort de l'oospore.

Les granules et les globules constitués par une matière oléagineuse colorée en brun, communiquent à l'oospore une teinte brune très-appréciable. Cette teinte, du reste, tient uniquement à une absorption de lumière, car directement, c'est-à-dire par lumière réfléchie, et non par lumière transmise, elles sont parfaitement blanches. — On peut s'en convaincre en retournant le miroir du microscope, et n'observant qu'avec la lumière qui tombe directement, ou en les regardant avec une forte loupe.

Cependant dans certaines espèces, *Saprolegnia monoica*, *Dictyuchus monosporus*, *Apodya brachynema*, les *Rhipidium*, quelques *Pythium*, les globules sont entièrement incolores et les oospores sont d'une blancheur éclatante ; l'*Achlya leucosperma* tire de là son nom (voy. p. 24).

C'est à tort, à mon avis, que M. Pringsheim dit avoir trouvé de l'amidon dans l'intérieur des oospores de ces Champignons aquatiques; je n'en ai jamais rencontré.

Les oospores des *Pythium* et *Myzocytium* sont constituées de même, à une légère différence près; avec l'âge, la paroi se colore faiblement en rose, et acquiert une épaisseur qui atteint jusqu'à la moitié du rayon. Elle se charge en même temps de quelques aspérités. Un grand nombre de très-petites cavités hémisphériques produisent par leur ensemble des crêtes spéciales, qu'on ne retrouve que dans ces deux genres, et qui pourraient presque les caractériser. — Mais cela ne se présente qu'à la maturité : dans la jeunesse, la paroi est incolore, lisse et mince.

Cela se rencontre dans ces deux genres seulement qui offrent une membrane épaisse; rien de pareil ne s'observe chez les *Saprolegnia* ou les *Achlya*. M. Reinke se trompe, quand il représente des perforations dans la paroi des oospores du *S. monoica* (voy. plus haut, p. 51).

Les Péronosporées présentent une différence beaucoup plus considérable. L'épispore, assez peu épaisse, mais colorée fortement, est très-résistante. Elle recouvre des crêtes de forme très-diverse, variant quelquefois même beaucoup dans une même espèce. L'endospore est au contraire beaucoup plus épaisse, complétement incolore et formée de cellulose.

M. de Bary dit, à propos des *Cystopus* : « que la surface de l'épispore est presque toujours munie de verrues brunâtres, que ces verrues sont composées de cellulose, colorée en bleu foncé par les réactifs, tandis que la membrane qui les porte conserve sa couleur primitive » (1).

Ceci est une apparence et n'a pas lieu en réalité ; on peut s'en convaincre aisément en étudiant les oospores du *Cystopus Bliti*. Là, les crêtes sont très-nettes ; la plante a de plus un avantage, c'est de se prêter merveilleusement à l'étude. Les tiges de l'*Amarantus Blitum* attaquées par ce *Cystopus* éclatent souvent : le tissu interne est presque exclusivement rempli d'oospores du parasite ; mis à nu, il se résout en une poussière grise, et, en la délayant avec de la gomme, on obtient une substance à l'aide de laquelle on peut faire aisément d'excellentes coupes de ces oospores, et dont on peut avoir un nombre illimité. On remarque que l'endospore est fort épaisse, formée de couches concentriques, qui se colorent d'une façon intense sous l'action du chloroiodure de zinc, tandis que les espaces intermédiaires restent presque incolores. Ces couches sont au nombre de deux ou trois. La supérieure se moule exactement dans les crêtes de l'épispore et se colore fortement en bleu violacé. L'épispore au contraire, brune et encroûtée, ne se colore pas. En regardant une coupe tangentielle, comme M. de Bary en représente, on aperçoit, dans la rainure formée par la membrane même des crêtes, la portion de cellulose que la lame du rasoir a détachée et qui a bleui sous l'action du réactif.

Il est bon, pour bien voir cette particularité, d'avoir recours

(1) *Développement des Champignons parasites* (*Ann. des sc. nat.*, Bot., 4e série, t. XX, p. 18). Il représente, pl. 2, fig. 19, et pl. 3, fig. 14, l'épispore bleuie.

non pas aux oospores dont la paroi est chargée de verrues, mais à celles qui présentent des crêtes grêles, comme le *Cystopus Portulacæ :* c'est du reste l'une des espèces sur lesquelles M. de Bary a opéré.

En faisant une coupe *très-mince*, voici ce qu'on remarque : sous la membrane de l'épispore colorée en brun et *qui ne se colore pas en violet*, on trouve la portion de membrane de l'endospore exactement moulée, détachée par le rasoir et colorée en violet par le réactif; la coupe de la crête donne donc au centre une ligne épaisse, violette, et, de chaque côté, une ligne jaune. C'est l'inverse de ce que M. de Bary a figuré (*loc. cit.*, pl. 3, fig. 14).

Je maintiens cependant mon affirmation contre la sienne : je soutiens que l'épispore ne se colore pas, et que la partie qui bleuit appartient à l'endospore. Il dit, du reste (page 18), qu'il omet la description plus détaillée de la structure de l'oospore, qui l'éloignerait trop du but de son mémoire.

Dans le genre *Rhipidium*, la membrane de l'oospore est munie de crêtes; elle présente un contour interne sphérique et est très-épaisse, mais on ne peut l'assimiler à celle des Péronosporées : elle est incolore et devient entièrement violette sous l'action du chloroiodure. L'origine des crêtes est, du reste, complétement différente (voy. p. 103).

Dans le genre *Monoblepharis*, la paroi est brune et chargée de verrues hémisphériques incolores. Le centre est rempli de granules oléagineux, tous égaux et jaunâtres, qui se tiennent groupés à quelque distance des parois. La membrane est probablement double, mais il est difficile de la séparer en deux. La difficulté provient sans doute de la présence de ces verrues incolores et réfringentes. Cette membrane est à peu près la seule partie des *Monoblepharis* qui se colore en violet sous l'action des réactifs; et encore cette couleur est-elle faible. — Les verrues ne participent pas à la coloration.

Variation du contenu et développement de l'oospore.

Le contenu de l'oospore, dès la formation de la membrane, n'est pas identique avec ce qu'il sera plus tard : il est d'abord homogène comme celui de la gonosphérie. Dans les *Saprolegnia* et les *Achlya*, on y voit d'abord apparaître une vacuole sphérique ou ellipsoïdale, qui montre que les granules (ou les globules, quand la matière oléagineuse est groupée par masses plus grosses) sont appliqués à la périphérie (1).

Cette vacuole finit par être remplacée par un gros globule oléagineux, et les petits granules par des globules tous égaux entre eux. — Cette dernière transformation n'a lieu qu'assez tard.

Chez les autres espèces, la transformation a lieu sans vacuole, du moins je n'en ai jamais vu.

Pendant ce temps, la paroi des oospores s'accroît en épaisseur, mais l'observation du mode d'accroissement présente des difficultés assez graves ; il est en effet peu commode à étudier, et cela tient à plusieurs raisons. D'abord les oospores possèdent des parois peu épaisses, surtout chez les espèces à oogones polypores ; de plus, elles ont un faible diamètre ; enfin, toutes les plantes se prêtent mal à une longue culture sur le porte-objet, et le développement complet exige beaucoup de temps. Il ressort de là qu'on ne peut faire d'observations que sur un nombre restreint de genres, et qu'il est impossible d'observer l'accroissement du même oogone.

Il sera utile de choisir les spores chez lesquelles la paroi devienne épaisse et les nouvelles formations puissent s'observer aisément : nous raisonnerons par analogie pour les espèces sur lesquelles l'observation directe est impossible.

Si l'on observe à divers états les oospores des *Monoblepharis*, on constate qu'elles sont, aussitôt après la fécondation, minces

(1) Cette vacuole centrale, formée d'un liquide clair, représente peut-être la tache germinative (*Keimfleck*) ; elle serait interne, le mélange des deux plasma ayant lieu par la partie interne. Elle est invisible pendant la fécondation : cela peut tenir à l'opacité du plasma périphérique à ce moment.

et entièrement lisses (pl. 2, fig. 32); plus tard leur membrane se charge de verrues transparentes en même temps qu'elle s'épaissit (fig. 6). La teinte jaunâtre se montre vers la même époque. Il y a donc certainement accroissement par la partie extérieure ; la présence des verrues en est une preuve. Comme l'oospore est située, soit dans une cellule largement ouverte, soit à l'extérieur de toute cellule, il faut admettre que cet accroissement provient du plasma de la spore. — On peut remarquer que dans le cas des spores échinées des Algues, *Sphæroplea annulina*, *Œdogonium echinospermum*, Desmidiées ou des Champignons, *Syzygites*, etc., la membrane est d'abord lisse et se couvre ultérieurement d'ornements dus au plasma de la spore et non au plasma extérieur, puisqu'il n'y en a pas autour de ces spores nues ou situées dans des cellules ouvertes.

Chez les Péronosporées, *Cystopus* et *Peronospora*, la membrane est aussi d'abord mince et lisse, et le contour parfaitement régulier. Plus tard la paroi devient épaisse et brune. Elle est composée alors d'une épispore mince et d'une endospore épaisse. — Si l'on étudie des organes plus ou moins âgés, on arrive aisément à se convaincre que si le diamètre extérieur de l'oospore augmente avec l'âge, le diamètre intérieur diminue, de sorte que la membrane s'accroît en épaisseur dans les deux sens, centrifuge et centripète. Cela est très-net sur les *Cystopus*, le *C. candidus*, par exemple.

Ainsi, tandis que la partie extérieure se recouvre d'une membrane brune et résistante, la partie interne se double d'une membrane cellulosique incolore et molle : l'accroissement a donc lieu dans les deux sens, à l'aide de productions différentes.

Aux dépens de quels éléments est formée la membrane brune et résistante, qui constitue l'épispore? — M. de Bary dit brièvement (1) : « L'épispore est formée aux dépens du plasma périphérique ; celui-ci disparaît à mesure que l'épispore atteint sa perfection, et finalement il ne reste qu'une quantité de granules suspendus dans un liquide aqueux et transparent. » Ailleurs il

(1) De Bary, *Développ. des Champ.*, p. 18.

est plus explicite (1) : « Ce tégument externe se forme aux dépens du plasma périphérique de l'oogone, lequel *se précipite* peu à peu sur l'oospore et prend de la consistance. » Il ne signale pas la diminution de la cavité intérieure, qui est le phénomène le plus saillant dans l'accroissement de l'oospore ; l'augmentation de diamètre étant certaine, mais notablement moins évidente. Quant à l'opinion que le plasma extérieur produit l'épispore, il ne l'étaye d'aucune raison. — N'est-il pas plus logique et plus conforme à ce qui se passe dans les autres cas, d'admettre que la spore, formée aux dépens d'une partie du plasma cellulaire, se nourrit ensuite aux dépens du reste qu'elle absorbe ? Si ce plasma extérieur a la propriété de se déposer en couche membraneuse, sans être élaboré au préalable, pourquoi ne se dépose-t-il pas aussi sur les parois de l'oogone ? — Si au contraire, ce qui est le plus semblable à ce qu'on voit d'ordinaire, il a besoin d'être élaboré, il devra d'abord être absorbé par la spore, et servira ensuite à la formation extérieure, comme à la formation intérieure. Ceci touche de très-près à la théorie des accroissements cellulaires sur laquelle il a été tant discuté, et il est extrêmement probable, d'après les cas cités plus haut, que l'accroissement a lieu dans les oogones fermés, de même que dans les oogones ouverts, par une sécrétion du plasma interne de la spore.

Quant à l'accroissement par la partie interne, il peut être prouvé d'une façon irréfragable dans le genre *Rhipidium*.

Les *Rh. continuum* et *interruptum* présentent de grosses spores blanches munies de crêtes très-saillantes. La gonosphérie est formée d'un grand nombre de globules oléagineux blancs, qui se disposent d'une façon irrégulière et un peu en étoile. Elle s'entoure d'une membrane, après la fécondation par des branches latérales, et l'oospore nouvellement formée est munie d'une membrane qui suit les contours de la gonosphérie. Elle *naît* donc étoilée. Plus tard, en vieillissant, le contour interne devient

(1) De Bary, *Morph. und Phys. der Pilze*, p. 159. — *Ann. sc. nat.*, Bot., 5e série, 1866, t. V, p. 349.

circulaire, l'externe conservant le même aspect. Il y a donc accroissement par la partie interne, et d'une façon assez notable d'ailleurs, car la paroi finit par acquérir une épaisseur égale à la moitié du rayon de la spore. Dans ce cas, comme dans le précédent, le plasma périphérique finit par disparaître.

Dans les divers exemples cités, l'un des accroissements est très-évident, tandis que l'autre l'est beaucoup moins. Les Péronosporées seules les montrent simultanément assez bien. On peut donc dire, car cela semble bien prouvé, que la membrane de la spore s'accroît par l'extérieur, comme par l'intérieur, aux dépens du plasma interne, en épispore et en endospore. Ceci rend compte au moins de tous les faits observés jusqu'ici.

Germination des oospores.

M. Pringsheim est le premier qui ait obtenu cette germination, et qui ait ainsi prouvé d'une façon certaine que ces spores appartiennent bien réellement à la plante qui porte déjà les sporanges. Il dit en effet (1) qu'avant cette époque, il avait été tenté de considérer la forme à spores agiles et la forme à spores immobiles comme deux espèces distinctes.

Il trouva que, longtemps après leur maturité, ces spores, placées en contact avec des matières animales, des pattes de Mouche, par exemple, peuvent émettre un long tube plus ou moins ramifié. Dans certains cas, l'extrémité se renfle en massue et donne des spores agiles. Dans l'eau pure, les oospores semblent se préparer à germer, mais elles ne germent pas, même après un intervalle très-long (cinq à six mois). La plante de M. Pringsheim était le *Saprolegnia ferax*, qu'il appelait *Achlya prolifera*, selon l'erreur commune alors à presque tous les botanistes.

M. Cienkowski (2) obtint la germination des spores immobiles, soit après dessiccation, soit après un long séjour dans l'eau. Il donne peu de détails, du reste, sur la manière dont il a opéré.
les vit, ou bien émettre un tube plus ou moins long, dont l'ex-

(1) *Entwick.* Achlya prolifera, p. 419.
(2) *Bot. Zeitung*, 1855, p. 801.

trémité se renflait en sporange, ou se transformer directement elles-mêmes en sporanges. La plante de M. Cienkowski est le *Saprolegnia ferax*.

M. Pringsheim (1) dit que les spores immobiles des *Saprolegnia*, *Achlya* et *Pythium* germent longtemps après qu'elles ont pris naissance, en émettant des filaments semblables à ceux de la plante-mère. En parlant des observations de M. Cienkowski, il ajoute : « Il a en même temps indiqué que leur contenu peut aussi se transformer directement en zoospores, *fait que j'avais déjà signalé;* la même chose a lieu pour le *Pythium monospermum.* »

Il faut ajouter que l'illustre professeur l'avait signalé, il est vrai, mais d'une façon très-vague, et considérait ce fait comme accidentel, tandis qu'il a lieu normalement. « Une seule fois (2) je vis que le contenu d'une spore immobile s'était changé en plusieurs petites cellules claires, de chacune desquelles un filament court et grêle s'échappait. Je rencontrai ces petites cellules plusieurs fois après autour des spores immobiles, non modifiées, dans un sporange sphérique (pl. 47, fig. 17); elles doivent s'être constituées aux dépens de quelques spores immobiles. Ce sont des cellules claires, plus ou moins ovales, semblables aux spores immobiles, mais plus petites. Elles sont *immobiles*, et il semble, comme cela ressort de la formation du filament, qu'elles peuvent quelquefois reproduire l'*Achlya*. Ce sont vraisemblablement les corps que Nægeli croit avoir vus (3). »

Il revient sur ce fait (4) à propos d'organismes parasites des *Spirogyra :* il affirme que les spores immobiles se changent en

(1) *Jahrb. f. wiss. Bot.*, t. I, p. 301. — *Ann. sc. nat.*, 4e série, 1859, t. XI, p. 367.

(2) *Entwick. d.* Achlya prolifera, p. 427.

(3) *Zeitschrift fuer wiss. Bot.*, 1846, p. 30. Ces petites cellules, dont parle M. Nægeli, sont probablement des zoospores au repos, comme on en trouve fréquemment dans les sporanges. Il le pressent en effet, et dit que « cette troisième sorte de cellules existe véritablement, ou bien qu'elle soit identique avec les cellules mobiles, et par conséquent susceptible de germer....., etc. » M. Pringsheim ne se trompe pas ; ce sont bien les mêmes formations, seulement il n'indique pas leur signification et ne dit pas nettement que ce sont des zoospores parvenues au repos.

(4) *Flora*, 1852, p. 483, pl. V, fig. 13 et 14.

corps agiles et décrit la séparation en deux d'une zoospore double; mais tout cela n'est pas mis en évidence d'une façon suffisamment claire et précise. Ce nouveau passage, écrit la même année que le précédent, semble plus explicite que l'autre, et cependant la figure 13 de ce mémoire paraît être la même que la figure 17 de la planche 47 de l'autre.

Si j'insiste là-dessus, c'est pour montrer les difficultés qu'on rencontre dans cette étude.

M. de Bary (1) décrit et représente quelques germinations de son nouveau genre *Aphanomyces*. Ce sont des germinations sous forme de filaments qui perforent la paroi de l'oogone; il les observa après un repos de trois mois, sans aucun substratum azoté récemment apporté; il n'y avait que des débri de Mouche décomposés depuis très-longtemps.

Dans son mémoire sur les Champignons parasites (2), il décrit la germination des oospores du *Cystopus candidus*, qui présente les caractères de celle des conidies-sporanges des *Cystopus*; mais il ne donne aucun exemple de germination d'oospores des Péronosporées.

Plus tard (3) il cite la germination du *Peronospora Valerianellæ*, qui s'accroît en filaments.

J'ai pu moi-même observer la germination des oospores, mais dans un petit nombre de cas seulement. Les espèces étaient les suivantes : *Saprolegnia spiralis* et *ferax*, *Aphanomyces lævis*, *Apodya brachynema*.

En conservant pendant très-longtemps dans l'eau des oospores d'*Achlya racemosa*, elles ont constamment refusé de germer; un certain nombre d'échantillons furent desséchés sur des lames de mica, mais après deux mois le contenu était fortement altéré et aucune germination n'eut lieu.

Des oospores de *Pythium utriforme* (?), conservées plus de sept mois dans l'eau, refusèrent de germer : une préparation disposée à cet effet fut même gardée pendant plus de deux mois,

(1) *Einige Saprolegnieen* (*Jahrbuech. f. wiss. Bot.*, t. II, p. 177, pl. XIX, fig. 13).

(2) *Ann. des sc. nat.*, Bot., 4ᵉ série, t. XX, p. 21.

(3) *Morph. und Phys. der Pilze*, p. 139. — *Ann. sc. nat.*, loc. cit., p. 350.

à l'abri de l'évaporation ; des coupes minces d'un tissu végétal ne purent en déterminer le développement.

Je conservai de même des branches couvertes d'oospores de *Rhipidium* et d'*Apodya*, dont il ne me fut pas donné d'observer la germination.

Je fus assez heureux pour obtenir avec une abondance relative celle des oospores du *Saprolegnia spiralis*. Une touffe mise à part pour l'étude de la fécondation fut placée dans le même vase que le reste de la culture. Les extrémités des filaments de la touffe reposèrent sur le corps du Ver de la farine, où le *Saprolegnia* se développait. Le tout fut abandonné sept jours (du 29 novembre au 6 décembre 1871). A cette époque, un grand nombre d'oogones présentaient des oospores en germination. Je pus me convaincre que les germinations devaient s'être présentées souvent à moi vers la fin des cultures, et que je ne les avais pas reconnues ; c'est ce qui avait eu lieu pour le *Saprolegnia ferax*, par exemple, et un dessin que j'en avais conservé me le montra avec pleine évidence.

Les oospores n'ont pas besoin d'être hors de l'oogone : elles germent parfaitement dans l'intérieur. Tantôt elles émettent un filament ; tantôt, au contraire, elles s'organisent directement en zoospores. Les deux cas ne semblent pas distincts physiologiquement : deux oospores de même origine, du même oogone, et ayant subi les mêmes influences, présentent l'un ou l'autre. Ce fait ne laisse pas que d'avoir une grande valeur au point de vue du développement général, et montre le peu d'importance des organes de propulsion du plasma.

L'oospore qui va entrer en germination repasse d'abord par l'état qu'elle présentait après sa récente formation. Le plasma redevient homogène, tous les petits globules disparaissent et sont remplacés par des granules très-fins. Le gros globule oléagineux fait place à une vacuole située de façons diverses, mais en général excentrique et ovale. Dans certains cas, l'oospore s'accroît en diamètre et paraît un peu irrégulière. Le plasma n'a plus cet aspect jaunâtre et brillant qu'il avait auparavant ; il devient plus sombre ; enfin, après l'accroissement de la membrane, il prend l'apparence du plasma concentré aux extrémités des sporanges et des oogones. Pendant que cette dilatation s'est produite, la membrane de l'oospore s'est graduellement amincie en s'étendant. Un prolongement se forme, qui s'applique sur la paroi de l'oogone et la suit, jusqu'à ce qu'il ait rencontré une perforation; il la traverse alors en s'étranglant légèrement et s'allonge en produisant un tube plus ou moins rectiligne et ramifié. Successivement, le contenu a pris l'aspect des filaments ordinaires du *Saprolegnia;* il a abandonné complétement la cavité de l'oospore et se concentre à l'extrémité.

D'autres fois la formation du prolongement a lieu *sans accroissement de diamètre* de l'oospore ; la membrane reste parfaitement régulière et sphérique, conserve son épaisseur, et ne présente de discontinuité qu'en un seul point, celui par lequel est sorti le germe assez grêle, qui donne naissance au filament.

Il y a enfin un cas intermédiaire entre les deux. La membrane s'est dilatée et comme ramollie; le volume de l'oospore a peu varié; la forme est cependant devenue ovale : la paroi semble formée d'une matière muqueuse, c'est l'épispore qui s'est ainsi gonflée. L'endospore, beaucoup plus mince, a fendu l'épispore et fait hernie au travers. Le reste est identique avec ce qui a été dit plus haut.

C'est à l'extrémité de ces tubes, issus des oospores, que MM. Pringsheim et Cienkowski ont vu se former des sporanges sans mycélium ou radicelles pour la nutrition du filament. Je n'ai pu réussir à retrouver un développement pareil dans mes préparations, ou du moins il m'a été impossible de rattacher avec pleine certitude aux oospores certains filaments terminés par de petits sporanges spéciaux et ovales fort analogues à celui qui est représenté (1). M. Pringsheim a figuré tous ces cas dans son mémoire.

Le résultat final de la végétation de ces tubes émis par les oospores est donc de donner un sporange et des zoospores, sans qu'il soit besoin d'un appareil spécial pour nourrir le jeune

(1) *Entwick.*, pl. XLIX, fig. 9. On peut remarquer que ce sporange n'offre pas de cloison à sa base ; c'est probablement par suite d'une erreur.

filament; l'oospore contient la nourriture nécessaire pour cette formation. On remarquera la grande analogie qu'il y a avec la germination des zygospores des *Mucor*, qui se transforment en individus munis de conceptacles, sans passer par la forme mycéliale. M. Tulasne a insisté là-dessus à propos du *Mucor fusiger* Link (1) et de la germination de ses zygospores.

Dans certaines conditions, qu'il paraît impossible de préciser, au milieu des oospores qui émettent des tubes, et dans le même oogone, certaines d'entre elles transforment directement leur contenu en zoospores.

L'oospore s'est un peu dilatée, la membrane de l'épispore s'est gonflée comme dans le cas cité précédemment, et l'ensemble a pris une forme ovale. L'épispore se rompt, et l'endospore fait hernie par cette ouverture. Bientôt après se montre la division du plasma en trois ou quatre petites masses : on voit les zoospores, agitées d'un mouvement faible, qui tâchent de se frayer un passage au dehors; elles s'épanchent lentement par l'orifice de l'épispore, puis par la perforation de l'oogone la plus voisine; parfois l'épispore semble rompue en deux endroits, et l'évacuation a lieu de deux côtés à la fois. Les zoospores qui sortent ainsi sont ovales, acuminées, munies de deux cils antérieurs et d'une vacuole latérale au moins; elles sont semblables à celles que donnent les sporanges des *Saprolegnia*. M. Cienkowski (*Bot. Zeit.*, pl. XII, fig. 9) en représente un nombre bien plus considérable (2).

On peut rapprocher ces divers modes de germination des oospores de ceux que j'ai rencontrés chez quelques *Pythium*, où la zoospore émet tantôt un filament qui reste stérile ou se termine par un petit sporange à une spore, et tantôt se transforme elle-même directement en un petit sporange, comme cela a lieu chez les *Saprolegnia* et les *Achlya*. Ces divers cas se montrent dans la même préparation.

(1) *Ann. des sc. nat.*, Bot., 5e série, 1866, t. VI, p. 214.

(2) N'y a-t-il pas confusion avec la formation que nous démontrerons plus loin n'être autre chose qu'une Chytridinée parasite, et non un sporange libre? Voyez plus loin le genre *Olpidiopsis* (voy. p. 127).

Une fois les zoospores sorties, l'épispore et l'endospore, intimement soudées et indistinctes, subsistent plus ou moins longtemps : les sphérules vides, que M. Pringsheim représente dans plusieurs figures, n'ont vraisemblablement pas d'autre origine. Les membranes finissent enfin par se dissoudre et disparaître. On trouve alors des oogones munis de leurs perforations, qui par conséquent étaient arrivés à maturité, et qui ne contiennent qu'un nombre très-restreint d'oospores, ou bien sont entièrement vides. Quelquefois il reste, dans l'intérieur, des zoospores germées, qui montrent quel a dû être le développement des oospores.

Le cas cité et représenté par M. Pringsheim (pl. 47, fig. 7), dont il a été question plus haut, est justement celui-là. Il ne reste qu'une oospore non transformée dans l'oogone, et autour d'elle des zoospores germées; elles provenaient de spores dont les membranes ont disparu par dissolution (1).

Selon M. Pringsheim, le *Pythium monospermum* offre les deux modes de germination; il ne représente que l'un deux, la germination en filaments (2).

M. de Bary (3) décrit la germination des oospores du *Cystopus candidus*, dont le contenu se transforme en zoospores après un séjour assez long dans l'eau; l'épispore se crève, l'endospore fait hernie au dehors en poussant un tube court, épais et obtus. La formation des zoospores aux dépens du plasma et leur sortie rappellent ce qui a été dit (voy. p. 14) à propos des *Pythium* et des conidies des *Cystopus;* l'analogie est complète. Il dit en quelques mots la méthode suivie pour obtenir ce développement : la difficulté est assez grande et je n'ai pu réussir.

C'est plus tard seulement, à ce qu'il semble, qu'il a obtenu celui du *Peronospora Valerianellæ* et des *Peronospora* voisins.

Les oospores, pour présenter ces phénomènes, exigent un temps

(1) Quant à la séparation qu'il représente, chez le *Sapr. ferax* (*Flora*, loc. cit., et *Entwick.*, pl. XLVI, fig. 14), d'une masse plasmatique en deux zoospores; c'est un cas anormal et rien de plus.

(2) *Jahrbuech. f. wiss. Bot.*, t. I, p. 301, pl. XXI, fig. 2. — *Ann. sc. nat.*; 4e série, t. XI, p. 367, pl. 7, fig. 2.

(3) *Mémoire sur le développement des Champignons parasites*; p. 21, pl. 2, fig. 7-13.

de repos prolongé; celles qui sont mûres pendant l'été ne se développent qu'au printemps suivant. M. de Bary indique l'intervalle de juin à décembre comme étant celui de l'une de ses expériences. On les conserve à sec; lors de l'expérience, on les plonge un ou deux jours dans l'eau, puis on les dépose sur de la terre humide; le tissu qui les contient se décompose lentement, et après quatre à six jours il suffit de les placer dans une goutte d'eau pour en obtenir le développement.

Je n'ai observé qu'une seule germination de l'oospore de l'*Apodya brachynema;* il y avait trois cellules contenues dans la cavité intérieure, vraisemblablement trois articles du même filament provenant d'une seule et unique zoospore demeurée à l'intérieur. La membrane n'était pas rompue sur le contour, elle pouvait l'être sur un autre point; les parois paraissaient ondulées irrégulièrement.

Le rôle des oospores est très-facile à deviner d'après les faits qui viennent d'être rapportés. Les zoospores germent peu d'heures après leur sortie des sporanges et ne peuvent résister à la dessiccation; les oospores, au contraire, ne germent qu'après un fort long temps et même après avoir été desséchées. Chez les Péronosporées, la présence de l'eau suffit pour en déterminer le développement; en effet, l'eau fait germer simultanément les graines de la plante nourricière, qui peut se développer en même temps que son parasite. Pour les autres, la présence d'un corps organisé semble, en général nécessaire. Les zoospores qui en proviennent finalement auraient peu de chance, au milieu de l'eau, de se fixer sur un organisme animal; elles se perdraient sans développement ultérieur. La germination n'a lieu que lorsqu'un substratum propre à leur nutrition se trouve dans les environs. Mais, dans l'un et l'autre cas, les oospores sont destinées à conserver ces plantes pendant la sécheresse, la gelée, au milieu des circonstances les plus défavorables auxquelles l'appareil végétatif, les sporanges et les zoospores ne peuvent résister.

DEUXIÈME PARTIE.

CHYTRIDINÉES PARASITES DES SAPROLÉGNIÉES (pl. 3-7).

Généralités.

Certaines de ces formations ont été étudiées par MM. Nægeli, Cienkowski, Braun et Pringsheim, qui les ont prises pour des organes de la plante nourricière, leur ont assigné des rôles différents et n'en ont pas reconnu la véritable nature. M. Al. Braun seul en devina le parasitisme, mais il revint ensuite sur son opinion. Elles sont si rares et si accidentelles, que bien des observateurs ne les ont pas aperçues; leur étude est extrêmement incomplète; elle n'a même pas été entrevue. En la tentant aujourd'hui, je n'espère pas la traiter à fond, mais poser seulement des jalons pour les observations futures.

Ces parasites sont très-peu communs; malgré le nombre assez considérable de matériaux que j'ai examinés, je n'ai trouvé qu'un nombre relativement restreint d'espèces attaquées par des Chytridinées. Lorsque les Saprolégniées sont pures et nettes, c'est-à-dire sans infusoires ou Algues qui si souvent altèrent la transparence des touffes, on peut, à la loupe, chercher si l'on n'apercevrait pas certains filaments d'un aspect différent de celui des autres : ce moyen est excellent quand la plante est assez fortement attaquée et permet un peu de choisir les éléments des préparations à examiner. Mais le plus souvent cela est impossible; il faut alors se contenter d'observer ce qui se rencontre sous la main et faire des préparations au hasard. Quand on tombe sur une préparation plus heureuse que les autres, il faut en tirer tout ce que l'on peut; il n'est pas rare de ne pas en retrouver une seconde.

La difficulté de l'observation est assez grande à cause de l'écrasement trop fréquent de ces parasites délicats : c'est surtout sensible pour ceux du premier groupe, qui sont renfermés dans des tubes notablement renflés ; si l'on n'écarte pas cette cause d'insuccès, tout s'altère et se décompose pendant l'observation. Souvent, pour obtenir les éléments de la préparation, on arrache les filaments et on les brise ; cela suffit en général pour empêcher la sortie des zoospores : les sporanges ne sont plus à la place qu'ils occupaient, l'eau se mêle au plasma nourricier qui les entoure, et il y a des perturbations considérables dans la vie du parasite. On doit enlever les filaments attaqués tout entiers avec leurs racines, et les observer ainsi sur le porte-objet. Il faut, autant que possible, n'ajouter, par-dessus, le verre mince qu'à la dernière extrémité ; on laisse ensuite la plante se reposer et végéter dans un vase à part : on peut ainsi en suivre pendant plusieurs jours de suite le développement et les transformations. C'est ainsi qu'il a été fait pour les *Rozella septigena* et *Woronina polycystis*.

Les sporanges sont tantôt entièrement libres dans l'intérieur d'un filament renflé diversement, tantôt soudés en partie aux parois de ce filament ; tantôt même ils font entièrement corps avec lui, et les deux membranes, intimement unies, ne peuvent être séparées, même avec l'aide des meilleurs instruments : dans ce cas, les sporanges du parasite simulent de véritables sporanges de la plante nourricière (*Rozella Rhipidii spinosi*, pl. 5, fig. 2 et 4) ou des formations autonomes (*R. septigena*, pl. 6, fig. 1).

Dans un autre cas plus compliqué, les sporanges sont environnés d'une membrane générale, comme les groupements qu'on nomme *sores* chez les *Synchytrium* de Bary et Wor. ; seulement ici la membrane n'est pas étroitement appliquée sur ces sporanges, elle est soudée aux parois du filament (pl. 7, fig. 6, *b*, *c*).

Ces trois manières d'être permettent de distribuer nos Chytridinées en trois groupes qui seront successivement étudiés :

1er groupe : *espèces non adhérentes ;*

2e groupe : *espèces soudées ;*

3e groupe : *espèces présentant des sores.*

Ces trois groupes correspondent à trois groupes de Chytridinées déjà connues.

Le premier correspond aux *Olpidium* (1) et en est très-voisin.

Le second montre plusieurs exemples d'un fait, présenté jusqu'ici par le seul *Olpidium simulans* de Bary et Wor., parasite sur le *Taraxacum officinale* Wigg., qui pourrait devenir le type d'un genre particulier. Le troisième est fort analogue aux *Synchytrium* des mêmes auteurs, parasites sur des plantes aériennes et non aquatiques (2).

Mais les parasites des Saprolégniées ne peuvent entrer dans les groupes déjà établis; ils s'en distinguent par plusieurs caractères, et notamment par la forme très-spéciale de leurs zoospores et de leurs spores immobiles.

Je propose d'établir pour ces plantes, qui ne rentrent dans aucun des genres établis précédemment, trois genres nouveaux correspondant à ces trois groupes :

1er groupe, genre *Olpidiopsis*, ainsi nommé à cause de l'analogie qu'il présente avec les *Olpidium*.

2e groupe, genre *Rozella*, dédié à M. Roze (3), mon excellent ami, dont les travaux sur les anthérozoïdes des Cryptogames supérieures sont bien connus.

3e groupe, genre *Woronina*, dédié à M. Woronine, de Saint-Pétersbourg, auteur de plusieurs mémoires relatifs aux *Synchytrium*, genre voisin de celui-ci.

(1) *Ueber Chytridium*, p. 75.

(2) Pour le genre *Synchytrium*, consulter le mémoire de MM. de Bary et Woronine (*Comptes rendus de la Société des naturalistes à Fribourg en Brisgau*, vol. III, livr. II, et trad. *Ann. des sc. nat.*, 5e série, 1865, t. III, p. 239), celui de M. Woronine (*Bot. Zeitung*, 1868, p. 81), et une courte note que j'ai donnée (*Bull. Soc. bot. de France*, 1871, t. XVIII, p, 26) sur le *S. Stellariæ* Fuck. et le *S. Alismatis* sp. nov.

(3) J'avais d'abord proposé le nom de *Rozia* (*Bull. Soc. bot. de France*, 5 janvier 1872), mais on me fit remarquer que M. Bescherelle avait établi pour quelques Hypnacées du Mexique le genre *Rozea* ; je dus changer le nom primitif trop voisin de celui-là.

Premier mode de reproduction. — Le développement du sporange présente les plus grandes analogies dans les trois groupes : le plasma est d'abord clair et réfringent, sans granules, et non entouré d'une membrane ; puis il s'entoure d'une membrane et se montre muni de grandes vacuoles ; il se remplit ensuite de vacuoles beaucoup plus petites et très-nombreuses, et peu après il se divise en petites masses, futures zoospores, qui ne tardent pas à s'échapper.

Chez les espèces non adhérentes, c'est par un tube de sortie plus ou moins long ; chez les espèces soudées, ce tube se réduit à son extrémité perforatrice seule et constitue la papille du sporange ; il peut y en avoir une ou plusieurs, suivant les espèces.

Les zoospores sont très-petites et elles ont toutes la même constitution, à peu de chose près. Ce sont de petits corps formés d'une matière homogène, claire à la partie antérieure, plus dense à la partie postérieure, où s'attache le cil unique ; ce cil a trois fois environ leur longueur. La zoospore est allongée, souvent courbée légèrement : elle présente des mouvements saccadés et irréguliers comme les zoospores des autres Chytridinées. Le cil est constamment en arrière (pl. 3, fig. 9, *a* ; pl. 5, fig. 3 et 3' ; pl. 6, fig. 2).

Leur mouvement dure peu ; elles s'arrêtent et deviennent sphériques ; le cil devient aussitôt indistinct. Elles se décomposent rapidement sans germination.

Il y a une particularité de structure chez les zoospores de nos parasites, qu'on ne retrouve dans aucune espèce de la famille. Les zoospores *normales* ont la forme de *bâtonnets* et sont dépourvues, en général, des globules que M. Al. Braun (1) considérait comme caractéristiques (cependant on en retrouve quelquefois : *Rozella Rhipidii spinosi*, pl. 5, fig. 3') ; le fait de l'absence du globule n'est cependant pas sans précédents, ainsi le *Chytridrium roseum* n'en présente pas.

(1) C'est peut-être parce que M. Cienkowski ne la signale pas dans la formation qu'il appelait d'abord *Chytridium Saprolegniæ* A. Br., que M. Al. Braun renonça à sa première opinion à l'égard de sa plante.

Quant à l'absence de germination des zoospores *dans l'eau*, elle est très-fréquente dans la famille. Je n'en ai rencontré que de très-rares exemples, en particulier dans une espèce que je propose d'appeler *Chytridrium xylophilum*, où des milliers de zoospores vivant et s'agitant dans une préparation ne donnèrent qu'un nombre très-restreint de germinations. Les zoospores germées ressemblaient au début à celles que MM. de Bary et Woronine représentent (1) chez le *Ch. roseum* de Bary et Wor., et que j'ai pu revoir et mener plus loin (2). Mais chez les espèces véritablement parasites (les deux précédentes ne le sont que dans le sens le plus large du mot), et qui se nourrissent aux dépens de plantes vivantes, les zoospores germent encore plus rarement (3). M. Al. Braun n'en représente pas un exemple dans son mémoire sur les Chytridinées. Chez les *Synchytrium* et l'*Olpidium simulans*, on ne les voit pas germer non plus. Les zoospores (4) des espèces entophytes ne s'entourent d'une membrane que lorsqu'elles ont pénétré à l'état plasmatique dans la cellule de la plante et y ont végété quelque temps.

C'était sur l'absence de germination, qui, comme on le voit, est un fait constant chez les Chytridinées, que s'appuyait M. Pringsheim pour refuser aux corps agiles de ces formations singulières le rôle de zoospores réelles. L'argument tombe ainsi tout à fait. On peut donc considérer ces corps agiles comme des zoospores,

(1) De Bary et Wor., *loc. cit.* Le *Chytr. roseum* se montra sur la terre d'anciennes cultures.

(2) *Bull. de la Soc. bot. de France*, t. XVI, p. 223 (1869).

(3) J'ai cependant rencontré quelques germinations *libres* des zoospores très-petites de l'*Olpidium apiculatum* A. Br., développé sur le *Pandorina Morum*.

(4) *Chytridrium xylophilum* (sp. nova). J'ai rencontré cette espèce dans des cultures de Saprolégniées continuées pendant plusieurs semaines dans ma chambre ; elle y était abondante, notamment : sur les fibres libériennes du *Corylus Avellana*, conservées du 9 janvier au 2 mars 1870 ; sur les fibres du Tilleul abandonnées dans l'eau du 26 mai au 30 août 1870 ; sur des fibres de Chanvre flottant dans l'eau d'une carafe. Il y fut rencontré par hasard et retrouvé ensuite plusieurs fois.

Les sporanges sont ovales, acuminés, ovoïdes, déprimés, munis ou non d'un long col ou lagéniformes. Ils reposent sur la substance dense et opaque des fibres ; ils sont groupés en file souvent sur une longueur notable, ce qui explique le grand nombre d'individus rencontrés. Le col est fermé par un bouchon muqueux à l'époque de la

mais comme des zoospores qui ne peuvent germer que dans l'intérieur de la plante nourricière.

M. Pringsheim dit encore dans son mémoire, qu'il n'a jamais vu la pénétration de zoospores de *Chytridium* dans les filaments des Saproléguiées; *ce qui serait facile à voir*, ajoute-t-il. Que l'on considère la petite taille de ces zoospores, et l'on ne sera pas de l'avis du célèbre professeur; qu'on se représente bien ces petits corpuscules, avec leur taille très-réduite (environ 0^{mm},004), clairs et transparents, uniquement plasmatiques, sans globule oléagineux et rien qui les distingue, et l'on verra qu'on peut les laisser passer inaperçus. Il faut d'abord qu'ils se présentent exactement sur le contour de la paroi, sans cela on peut ne pas les remarquer. Ajoutons encore que les parois des tubes ne sont jamais complétement pures et nettes, et surtout que dans le liquide circulent constamment des Infusoires de toute nature, dont un grand nombre peuvent être confondus avec ces zoospores : on en trouve, en effet, qui sont à peu près de même forme et qui s'attachent aux filaments. D'ailleurs, dans les conditions de la nature elle-même, chez ces parasites à zoospores si nombreuses, beaucoup d'entre elles ne se développent pas : si les milliers de zoospores qui proviennent d'un sporange ne périssaient pas en grande partie, tous les filaments des Saprolégniées ou des Algues seraient attaqués et périraient.

maturité. Par l'action du chloroiodure de zinc il se colore en *violet* à son extrémité; c'est la seule partie qui présente cette réaction.

Un certain nombre de zoospores se forment dans le sporange; elles sont sphériques, munies d'un cil unique et pourvues du globule oléagineux excentrique, caractéristique de beaucoup d'espèces.

On voit souvent, dans les cultures où l'eau n'a pas été renouvelée depuis quelque temps, les sporanges présenter dans leur intérieur ces globules équidistants, indice de la formation complète des zoospores, sans qu'aucune sortie ait lieu. Si l'on vient à les placer dans une goutte d'eau pure, les corps agiles sortent en grand nombre. On peut observer alors leur mouvement rapide et saccadé, leur *reptation amiboïde* quand ils sont près d'arriver au repos, et, dans des cas très-rares, leur germination. Une fois, sur des milliers de zoospores, je n'obtins que deux germinations; une autre fois je pus en voir un nombre plus grand, mais restreint encore.

Les spores immobiles sont libres, sphériques, à parois médiocrement épaisses et lisses, pourvues d'une grosse goutte oléagineuse et faiblement colorées en brun.

(1) *Bot. Zeit.*, 1855, p. 801.

Comment doit s'effectuer cette pénétration si difficile à constater? D'après les observations de M. Cienkowski (1), que j'ai pu vérifier sur d'autres espèces que lui, et celles de MM. de Bary et Woronine, les Chytridinées entophytes proviennent du développement d'une zoospore. Cette zoospore pénètre à l'état *plasmatique et sans membrane* dans l'intérieur de la cellule. Ce qui se passe chez le *Rhizidium Confervæ glomeratæ* et les *Synchytrium* (2) doit se passer ici. Dans les espèces libres, nous verrons qu'il est assez difficile de s'en rendre compte; mais chez les espèces dont les sporanges sont soudés aux parois, la membrane ne se forme que lorsque le plasma du parasite les touche; il se distingue de celui du filament par sa couleur, tantôt grise, tantôt au contraire jaunâtre oléagineuse. La membrane se forme autour de lui avec des phénomènes différents de ceux qui accompagnent la formation des membranes des Saprolégniées (3). Les deux plasma se séparent; celui du parasite se retire, comme de l'eau sur une surface un peu huilée: il se contracte et se montre muni d'un contour très-net. Après quelques minutes on remarque la présence certaine d'une membrane où il n'y en avait pas auparavant; elle est munie d'un double contour et sa convexité est tournée vers la partie extérieure au parasite. Cette cloison, du reste, au lieu d'être rigoureusement transversale, est quelquefois oblique ou même irrégulière (pl. 6, fig. 9 *n*).

Ainsi donc, surtout dans les espèces du 2e et du 3e groupe, le plasma du parasite se trouve placé au milieu de celui de la plante nourricière, vit à ses dépens, et en assimile les éléments, sans être protégé lui-même par une membrane. C'est un fait d'une grande importance, au point de vue philosophique, comme au point de vue systématique. Nous retrouvons ici ce que présentent dans un autre règne les Protozoaires, mais d'une façon

(1) *Bot. Zeit.*, 1857, p. 233, pl. V, fig. 1-6.

(2) Chez ces derniers, elle y reste sept jours sans enveloppe, et le développement complet exige quatorze jours.

(3) Dans les cloisons qui limitent les sporanges, par exemple, ce qui est facile à observer, le développement est le suivant et tout autre : au point où va se former la membrane, le plasma se retire quelques secondes sans contours aussi nets, *puis se réunit de nouveau*. C'est pendant ce temps que se forme la cloison.

moins singulière et moins surprenante. M. de Bary (1) a insisté sur l'analogie des Myxomycètes avec ces animaux, et proposait même de les ranger dans le même règne sous le nom de Mycozoaires. Les cordelettes sarcodiques et les réseaux sans membrane, qui y représentent le *mycelium*, rampent à travers des corps solides poreux : vieux bois, tan, humus, etc. ; mais ici on a un plasma plongé dans un autre, et qui conserve cependant sa vie et ses fonctions distinctes, comme s'il était une formation propre de la cellule. Le parasite garde une existence séparée, comme les Infusoires décrits par M. Cienkowski (2), qui pénètrent, vivent et se nourrissent dans l'intérieur des cellules des Algues ; il fait plus encore : il se substitue à la cellule dont il absorbe le contenu ; il en prend les apparences, et met ainsi en défaut la sagacité des observateurs les plus habiles, qui le prennent pour des productions spéciales, pour des organes sexuels de la plante attaquée. Au milieu du contenu de la cellule, il a encore, comme tout plasma vivant, la propriété de se mouvoir, faiblement, il est vrai, mais cela est rendu hors de doute par les phénomènes qui précèdent la formation de la membrane autour de lui ; à cet instant il peut encore se contracter.

Les Chytridinées rappellent à cet état le *plasmodium* des Myxomycètes, et sont constituées elles-mêmes par un véritable *plasmodium;* mais ce n'est pas la seule analogie que ces deux groupes présentent entre eux. Ces singulières zoospores, munies d'un cil unique, que M. de Bary a décrites (3), et chez lesquelles il a signalé ce remarquable mouvement amiboïde, ne sont pas très-différentes des zoospores de certaines Chytridinées ; ces dernières ont comme les précédentes un cil unique, et leur marche rapide et saccadée se change à la fin en un mouvement amiboïde qui persiste assez longtemps. Les unes,

(1) *Bot. Zeit.*, 1858, p. 357, trad. *Ann. sc. nat.*, 5e serie, 1859, t. XI, p. 153.

(2) *Jahrbuech. fuer wiss. Bot.*, t. II, p. 371, pl. XXIV.

(3) Il faut remarquer que la genèse de ces zoospores (*Schwærmer*) est très-différente de ce que l'on voit chez nos Chytridinées ; elles proviennent uniquement de la germination de spores immobiles. Mais chez certains *Synchytrium*, il n'y a pas non plus de sporanges, et les zoospores proviennent uniquement aussi de la germination des spores immobiles. Ex. *Synch. Mercurialis* (Woronine, *Bot. Zeit.*, 1868, p. 81).

comme un certain nombre des autres, ne s'entourent pas d'une membrane dès leur premier développement.

Sans poursuivre plus loin la comparaison, on peut conclure que ce serait à tort qu'on assimilerait les Myxomycètes aux animaux, puisque des êtres dont la nature végétale est hors de doute présentent aussi les faits sur lesquels on voudrait s'appuyer. Il faut que l'on s'habitue de plus en plus à cette idée, qu'il n'y a aucune différence nette, aucune limite tranchée entre les deux règnes qui comprennent les êtres vivants, et que la nature ne va pas par bonds, mais qu'elle procède toujours d'une manière continue. C'est ainsi que certaines Algues et certains Champignons sont doués, aux premiers instants de leur vie, de la faculté de se déplacer ; d'autres, plus surprenants, conservent ce mouvement toute leur existence. Si les *Vibrio*, les *Spirillum*, les *Leptothrix* et les *Hyphæothrix* rappellent les Infusoires et établissent d'un côté la transition du règne végétal au règne animal, les Myxomycètes et les Chytridinées l'établissent de l'autre.

En quittant ces questions, qui s'éloignent un peu du sujet traité ici, on peut dire, en résumé, que les Myxomycètes, êtres singuliers, pourvus d'une membrane seulement à l'époque de la reproduction, et dont la place est encore assez ambiguë dans la classification, doivent être placés certainement dans les Champignons, et dans cette classe non loin des Chytridinées. Dans les deux groupes on rencontre en effet des propriétés communes : la forme des zoospores, le mouvement amiboïde, l'existence d'un *plasmodium*, qui ne s'entoure d'une membrane qu'à l'époque de la reproduction. Seulement chez les parasites, elles ne sont pas réunies sur un même être, mais réparties sur des espèces différentes.

On sait que le deuxième mode de reproduction des Chytridinées consiste en spores immobiles (*Dauerzellen Ruhesporen*), qui ne sont pas connues dans beaucoup d'espèces. Dans le genre *Synchytrium* (1) elles sont très-apparentes et très-visibles; leur

(1) Voyez plus haut la bibliographie relative à ce genre, page 114.

diamètre, relativement considérable, leur couleur brune, le renflement et l'hypertrophie qu'elles déterminent sur les cellules de la plante nourricière, sont autant de caractères qui ne permettent pas de les laisser inaperçues. Dans le reste de la famille, il n'y a que trois espèces; d'après M. Al. Braun (1), où on les connaisse, et depuis son mémoire il n'y en a pas eu, que je sache, d'autre publié sur ce sujet (2).

Dans les Chytridinées parasites des Saprolégniées, les spores immobiles ont pu être rencontrées, sauf dans une seule espèce, peu importante, du reste, le *Rozella Aphanomycis*. Ce sont des spores sphériques ou elliptiques, à membrane assez peu épaisse, tantôt munie d'aiguillons courts, tantôt de verrues anguleuses, tantôt encore d'une couche inégale de matière amorphe. Elles naissent en général dans des situations analogues à celles des sporanges, c'est-à-dire dans des portions de filaments renflés ou des articles terminaux.

Dans certains cas elles se présentent à l'intérieur de renflements latéraux très-semblables à des sporanges de *Saprolegnia* ou d'*Achlya* (*Rozella septigena*, pl. 6, fig. 15-17); mais l'absence de branches latérales, de perforations, et surtout de cloison à

(1) *Berl. Monatsb.*, 1856, p. 588, n° 591. On n'a trouvé jusqu'à présent les spores immobiles que chez les *Chytridium anatropum* et le *Rhizidium mycophilum*; le développement n'en a pas été observé.

(2) J'ai observé les spores immobiles dans plusieurs espèces, dont voici quelques-unes:

Le *Phlyctidium decipiens* A. Br. vit en parasite dans les oogones des Œdogoniées : *Œd. Vaucheri, echinospermum, Braunii; Bolbochæte*, etc. Les spores immobiles sont ovales-oblongues, blanches, lisses, au nombre de deux ou trois dans l'oogone occupé déjà en partie par le sporange plissé du parasite et l'oospore de l'*Œdogonium*.

Dans une espèce voisine du *Chytridium acuminatum* A. Br., et qui vivait aux dépens des zygospores du *Mesocarpus scalaris*, le sporange s'ouvre comme une pyxide, au moyen d'un opercule; les spores immobiles ne sont pas extérieures comme les sporanges, mais contenues dans l'intérieur des zygospores : ce sont des cellules sphériques, lisses, avec un globule oléagineux au centre. La zygospore prend une couleur foncée qui gêne beaucoup l'observation.

Le *Phlyctidium vagans* A. Br. (ou *Pollinis* A. Br.), parasite *sur* du pollen de Pin présente de même des spores immobiles contenues *dans* l'intérieur de la cellul nourricière et constituées comme dans l'espèce précédente.

Pour l'étude de ces parasites, voyez M. Al. Braun, *Ueber Chytridium*, p. 29, 40 e 54; pl. I, fig. 11; pl. III, fig. 1-15; pl. V, fig. 1-4.

ce faux oogone, ne peut permettre de les confondre avec des oospores de Saprolégniées.

Lorsqu'elles se montrent dans des articles terminaux renflés de *Rhipidium* ou d'*Apodya* (pl. 5, fig. 9 et 14), il y a encore là une grande analogie avec des oogones, mais les raisons indiquées ci-dessus ne permettent pas l'erreur.

Dans toutes les espèces, le développement de ces spores est analogue. Elles sont constituées par un globule de plasma grisâtre et rempli de granules oléagineux, qui s'accroît aux dépens du contenu de la cellule rassemblé autour de lui ; ce contenu se dispose bientôt en traînées rayonnantes, partant de la masse centrale et se dirigeant vers les parois. Il devient de plus en plus clair ; les éléments nutritifs disparaissent, absorbés par le parasite, qui demeure seul au milieu d'un liquide presque sans granules. On remarque alors que la spore est environnée d'une auréole transparente, incolore et comme muqueuse, à l'intérieur de laquelle se forment peu à peu les dents, qui hérissent la surface de la spore adulte. A mesure que ces dents prennent plus de consistance et de couleur, l'auréole diminue, elle devient à la fois indistincte.

La spore adulte est d'une couleur foncée, qui va du brun violacé au brun verdâtre ; les dents sont des points coniques et non pas des crêtes comme dans certaines espèces de Chytridinées (pl. 7, fig. 22), qui sur le contour apparaissent aussi comme des pointes. L'ensemble de ces ornements ne permet pas de voir nettement, au travers, la nature du contenu ; il paraît de couleur sombre, et s'il a gardé la constitution qu'il avait lors de l'apparition de l'auréole, il est formé d'un grand nombre de globules oléagineux très-petits, dont l'ensemble intercepte presque complétement la lumière.

Comment doit-on interpréter la valeur de ces spores immobiles ? Sont-ce des spores asexuées ? sont-ce, au contraire, des spores sexuées ? Si l'on se reporte au double mode de reproduction que l'on connaît dans un grand nombre d'Algues (les Œdogoniées, les Coléochétées, les Vauchériacées, et depuis peu les Protococcacées), on y trouve, d'une part des zoospores, de l'autre des spores provenant d'une fécondation et qu'on appelle oospores. Si l'on compare les Chytridinées aux Saprolégniées, le parallélisme devient plus net; si enfin parmi les Saprolégniées on choisit les *Monoblepharis*, on est obligé d'admettre que les spores immobiles sont dues à une fécondation. Quoique ce soit un raisonnement par simple analogie, il doit être regardé comme juste.

Il faut donc chercher les organes sexuels, soit dans nos espèces, soit dans les espèces connues auparavant, et surtout dans celles où les spores sont les plus grosses: ce sont les *Synchytrium* qu'on devrait choisir pour cette recherche.

Si l'on observe la spore jeune ou près d'être adulte, on ne trouve rien d'analogue aux branches latérales ou aux anthéridies. Du reste, la cellule qui reçoit ces parasites referme aussitôt le trou très-étroit par lequel la zoospore est entrée et ne garde pas de perforation pour laisser pénétrer les anthérozoïdes; il faut donc que la fécondation ait lieu par un corps qui a pénétré avec la gonosphérie et simultanément, ou bien qu'elle ait eu lieu avant l'introduction, c'est-à-dire que la gonosphérie n'ait pénétré qu'après avoir été fécondée.

Si l'on compare ce que dit M. Pringsheim à propos du *Pandorina Morum* (1), on est tenté de lui assimiler les Chytridinées. Il est bien évident que les Algues unicellulaires, qui possèdent deux sortes de zoospores, les unes à deux cils avec un seul point oculiforme, les autres à quatre cils avec deux points oculiformes, présentent, comme l'espèce citée, la copulation des zoospores : M. Pringsheim le fait pressentir. Les Chytridinées sont aux Champignons ce que les Protococcacées sont aux autres Algues; ce sont, dans l'un et l'autre cas, des plantes unicellulaires; l'accouplement des zoospores doit se présenter vraisemblablement dans les deux familles, qui ont plus d'une ressemblance générale et qui possèdent en particulier des spores immobiles, considérées, il y a peu de temps encore, comme asexuées.

(1) *Monatsb. d. Berl. Acad.*, oct. 1869, trad. *Ann. des sc. nat.*, 5e série, t. XII, p. 191.

Il faut donc chercher à voir cette copulation des zoospores.

Faut-il la chercher avant l'introduction des zoospores dans la plante hospitalière ou après cette introduction ?

Dans l'un et l'autre cas, de grandes difficultés se présentent, qui semblent à peu près insurmontables à l'aide des seules espèces que l'on connaît maintenant.

Faut-il considérer comme des zoospores confondues par accouplement en une seule, ces zoospores monstrueuses, et qui ont été représentées par MM. de Bary et Woronine (1)? Le double globule oléagineux serait-il l'analogue du double point oculiforme chez les *Pandorina ?*

Si l'on cherchait cette copulation après l'introduction des corps agiles, cela serait moins déraisonnable peut-être qu'on ne pourrait le croire au premier abord. Les zoospores ne conservent-elles pas leur constitution assez longtemps à l'intérieur de la cellule nourricière sans s'environner d'une membrane ?

Il est important de choisir des plantes commodes pour cette observation si délicate. Les Chytridinées parasites sur des Algues présentent des spores immobiles trop rares ou trop faciles à confondre avec de jeunes sporanges ; la chlorophylle, d'ailleurs, obscurcit la cellule ou masque la vue. Les espèces dont les sporanges sont extérieurs pourraient peut-être rendre quelques services (2) (*Chytridium Olla*, *Phlyctidium vagans*), mais les organes sont bien petits.

Les *Synchytrium* sont remarquables par la taille de leurs spores immobiles ; ils le sont aussi par un fait d'une importance considérable ici : c'est que, vers la saison froide, à la fin de l'automne, les spores immobiles sont en nombre de beaucoup supérieur à celui des sores ou capsules à sporanges (du moins dans l'unique espèce que j'ai observée, le *S. Stellariæ* Fuck., il en est ainsi). On est certain alors de pouvoir, dans le plus grand nombre des cas, observer le développement des spores immobiles.

On voit fréquemment que le globule, qui doit donner une spore

(1) *Loc. cit.* (*Ann. des sc. nat.*, p. 244, pl. 9, fig. 10 ; pl. 10, fig. 7).

(2) Les spores immobiles sont *internes ;* on peut citer encore le *Phlyctidium anatropum* et plusieurs formes voisines.

immobile, n'est pas simple, mais qu'il est accompagné d'un autre à peu près de même taille que lui, et aucun d'eux n'est muni d'une membrane; ils sont jaunâtres avec quelques granules de nature oléagineuse. Plus tard on ne voit plus aucune trace du deuxième globule, qui accompagne l'autre. Ceci s'est présenté à moi un grand nombre de fois, et il y a tel dessin que je pourrais présenter, exécuté d'après une portion de tissu épidermique d'une feuille de *Stellaria*, dans lequel il y a plus de six exemples de ce double globule. Toutes les cellules étaient remplies de spores immobiles adultes, jeunes, ou en voie de formation, et j'ai représenté une portion quelconque du tissu.

Je donne du reste ce fait pour ce qu'il vaut, sans y ajouter une trop grande importance. Dans les poils du *Stellaria media*, où l'observation est plus facile, on ne trouve pas toujours ce double globule. Peut-être alors le globule simple est-il destiné à donner un *sore?* Dans tous les cas, le deuxième globule est bien distinct du nucléus, qui est beaucoup plus pâle que lui.

Doit-on considérer comme un organe sexuel une certaine cellule, qui est accolée à la spore immobile à l'époque de sa maturité, et qui est vide alors (pl. 3, fig. 10 et 12, et pl. 4, fig. 4)? On ne la rencontre que dans les Chytridinées de notre premier groupe, c'est-à-dire les Chytridinées non adhérentes (genre *Olpidiopsis*). On verra plus loin des détails sur le développement de cette cellule, qui semble n'être pendant longtemps qu'une spore immobile plus petite et moins avancée. Cependant, à la maturité, elle se distingue de la spore à laquelle elle est soudée par sa membrane lisse ou munie d'échinules différentes. Les dents de la spore sont déjà formées qu'elle ne s'est pas encore vidée, ce qui pourrait faire supposer encore que l'enveloppe échinée n'est peut-être qu'un oogone auquel se souderait ultérieurement l'oospore.

Cette cellule adjacente ne se retrouve pas dans les espèces des autres groupes. Doit-on la prendre pour une anthéridie? est-elle au contraire une formation de peu d'importance? Je me contente de la signaler, n'osant pas aller plus loin, car c'est un organe qui ne se rencontre que dans un petit nombre d'espèces.

Chez le *Chytridium endogonum* Schenk, chez lequel j'ai rencontré les spores immobiles, elles sont munies, comme les sporanges, d'une sorte de cellule-souche, d'où partent les radicelles. La cellule dont il vient d'être question ne serait-elle pas tout simplement l'analogue de celle-ci, qui manquerait dans les sporanges des *Olpidiopsis*.

Quel est le rôle ultérieur de ces spores immobiles? Il est probable qu'elles doivent servir à perpétuer la plante et à produire de nouveaux germes au bout d'un temps assez long. On trouve parfois dans les pulvinules attaqués et abandonnés depuis longtemps quelques-unes de ces spores flottant librement. Elles ne sont jamais vidées, ainsi que l'a remarqué M. Pringsheim (1); elles exigent vraisemblablement, pour germer, des circonstances particulières et surtout un certain temps d'arrêt après leur maturité. Il est probable qu'elles doivent donner des zoospores, comme les sporanges; mais de quelle manière? C'est ce qu'il est permis de se demander. M. Woronine (2) a montré que les spores immobiles chez les *Synchytrium* germaient de deux façons différentes suivant les espèces. On trouverait peut-être ici des résultats analogues. En tout cas, les données manquent entièrement. Cela tient à plusieurs causes : aux difficultés propres à ces germinations, d'une part; de l'autre, à la grande rareté des spores. Ces deux conditions suffisent pour expliquer l'absence de notions exactes sur ce sujet.

L'étude des espèces qui vont suivre a une importance réelle : elle soulève d'importantes questions relatives, soit à la fécondation des Saprolégniées, mal connue ou mal interprétée, soit à la fécondation des Chytridinées, sur laquelle on ne sait rien encore. Les idées presque entièrement théoriques émises sur ce dernier sujet n'ont pas grande valeur en elles-mêmes; elles auront peut-être celle d'appeler l'attention des observateurs sur des questions très-dignes d'intérêt, mais ardues. Il est possible que la solution, qui paraît encore assez éloignée, puisse être rendue moins difficile par des espèces se prêtant mieux à l'observation. Cependant les Saprolégniées présentent, à cause de

(1) *Jahrbuech. fuer wiss. Bot.*, II, p. 225.
(2) *Bot. Zeit.*, 1868, p. 99.

l'absence de matière colorante et la facilité avec laquelle l'opacité du plasma se dissipe sous l'influence de l'ammoniaque, des parasites dont l'étude est relativement plus aisée que partout ailleurs.

Il faut prouver avec soin que les formations dont nous nous occupons sont des parasites et non des organes sexuels : on y insistera longuement. Les raisons justifiant cette opinion, et qu'il est toujours bon de redire, sont nombreuses ; c'est :

1° L'analogie des espèces des divers groupes avec des Chytridinées déjà connues, et la forme identique des zoospores dans tous ces parasites des Saprolégniées.

2° La présence d'organes sexuels nets et certains sur les individus attaqués.

3° Le double mode de reproduction des parasites.

4° Leur apparition tout à fait accidentelle.

5° Leur présence simultanée sur plusieurs espèces ou genres habitant ensemble, tandis que rien de pareil ne se montrait auparavant sur les espèces types décrites par les auteurs.

6° Les changements, perturbations, hypertrophies qui se présentent dans la plante nourricière.

On y insistera à propos de chaque espèce, et l'on répétera toutes ces raisons et toutes ces preuves, sans crainte de redire des choses déjà expliquées. Il est indispensable de ne laisser dans l'esprit du lecteur aucun doute, aucune hésitation.

Premier groupe. — CHYTRIDINÉES NON ADHÉRENTES.

Genre OLPIDIOPSIS.

O. Saprolegniæ (A. Br.), index, incrassata, fusiformis, Aphanomycis.

C'est par le *Chytridium Saprolegniæ* A. Br. et le groupe auquel il appartient, qu'il est bon de commencer : c'est le groupe le plus simple, dans lequel le parasitisme est le plus facile à démontrer et à concevoir; c'est en même temps suivre l'ordre chronologique. Le développement en est assez bien connu, maintenant que quelques lacunes importantes sont comblées. Quand toutes les espèces auront été étudiées, le lecteur, retrouvant dans chacune d'elles la preuve que ces formations ne sont pas des organes reproducteurs, acceptera plus facilement le parasitisme singulier des espèces du second et du troisième groupe.

Historique. — M. Nægeli (1) a, le premier, signalé et décrit l'une des espèces dont nous nous occupons; il la considérait comme une sorte de sporange dû à une formation libre. Il la représente, soit à l'état adulte et émettant des spores agiles, soit à l'état jeune et se formant au sein de traînées et d'amas plasmatiques. Tantôt il y a plusieurs sporanges, tantôt un seul, et dans ce cas les parois peuvent même se souder avec celles du filament, la cloison étant simple et la paroi double (2). Mais ce cas-là se rapporte à un autre parasite, le *Rozella septigena*, dont il sera question plus loin. Il fit ses observations sur un *Saprolegnia* indéterminé, qu'il appelle improprement *Achlya prolifera*.

M. Al. Braun (3) ne croit pas que ces sporanges libres appartiennent réellement au *Saprolegnia*, et révoque en doute l'existence simultanée de sporanges dont les parois se soudent à celles du *Saprolegnia*.

M. Cienkowski (4) considère aussi ces conformations comme constituant un second sporange de l'*Achlya prolifera*. Il en décrit et représente le développement avec exactitude; cependant son mémoire laisse beaucoup à désirer, comme a dit plus tard M. Al. Braun. Il ne sait si les corps agiles germent ou non, car « ils s'agitent et se mêlent avec les autres zoospores ». Il représente les spores immobiles sans les mentionner, et semble les considérer comme une variété des autres sporanges.

M. Al. Braun (5), dans un mémoire spécial sur le genre *Chytridium*, parle d'une de ces productions qu'il considère comme dues à un parasite; il la nomme *Ch. Saprolegniæ*. Elles sont trop

(1) *Zeitschrift fuer wiss. Bot.*, p. 29, pl. IV, fig. 1-8.
(2) *Loc. cit.*, fig. 7 et 8.
(3) *Verjuengung*, p. 286 et 287.
(4) *Bot. Zeit.*, 1855, p. 801, pl. XII.
(5) *Ueber Chytridium.*, p. 61.

rares et trop accidentelles pour être les organes du *Saprolegnia*; la petitesse des spores agiles représentées par M. Nægeli ne permet pas de leur assigner la fonction de zoospores. Quel est leur rôle? se demande-t-il. On connaît déjà les sporanges ordinaires avec spores agiles, analogues aux zoospores des Algues ; les spores immobiles contenues dans des conceptacles perforés naturellement, ce qui rend très-vraisemblable que ces spores soient fécondées; et enfin des rameaux sinueux analogues aux cornicules des *Vaucheria*. Que viendrait faire un quatrième appareil reproducteur? La ressemblance avec les autres *Chytridium* est très-grande d'ailleurs. Mais M. Al. Braun n'a pas vu les zoospores, et il conseille de nouvelles recherches sur la nature de ces zoospores, comme pouvant seules, dans l'état des choses, décider la question; il constate que M. Cienkowski ne dit pas un mot du globule caractéristique des zoospores des Chytridinées, et qu'il n'a pu voir de cil. Il a été dit plus haut (1) que les observations de M. Cienkowski avaient fortement ébranlé l'opinion de M. Al. Braun, dont l'article se termine par une conclusion bien différente de celle de la première partie. Un passage en a été cité à propos de la théorie de M. Pringsheim sur la sexualité des Saprolégniées.

M. Pringsheim attribua au *Chytridium* le rôle d'anthéridie : il n'en parle qu'incidemment dans son premier mémoire sur les Saprolégniées (2); dans son second, au contraire, il y consacre plusieurs pages; il en a fait l'étude et reproduit ses observations. — Nous avons analysé (3) la partie où il expose sa théorie : on y constate la difficulté qu'il éprouve à interpréter favorablement pour elle tous les faits qu'il a rencontrés, principalement l'existence des spores échinées. — Si les conclusions sont peu nettes ou erronées, les observations dont l'auteur n'a pas tiré parti demeurent bonnes et exactes, sauf sur quelques points : elles peuvent cependant être complétées, principalement en ce

(1) Page 73.
(2) *Jahrbuech.*, t. I, p. 96. — *Ann. des sc. nat.*, 4e série. 1859, t. XI, p. 362.
(3) Page 78.

qui regarde le premier développement des sporanges et des spores immobiles, et la constitution de ces dernières.

J'ai observé plusieurs fois ces productions, qui sont rares et accidentelles, comme dit M. Al. Braun ; elles ont beaucoup de rapport entre elles dans tout le groupe, aussi sera-t-il bon, pour éviter les redites, de faire d'un seul coup l'histoire des deux modes de reproduction, en comprenant toutes les formes dans une seule et même description. Les différences entre les espèces, peu considérables d'ailleurs, seront signalées plus loin ; on pourra juger, d'après les dessins qui en sont donnés, de l'analogie de ces divers parasites.

Sporanges, leur développement. — *Zoospores.* — Les sporanges et les spores immobiles sont contenus ensemble dans l'intérieur de certains filaments renflés et non cloisonnés. Ces renflements, dus à la présence du parasite, sont assez divers : tantôt ils se produisent à l'extrémité même du filament, tantôt à quelque distance, et, suivant que la portion supérieure ou inférieure prend ou non part au renflement, on arrive à des formes très-diverses. Ces tubes sont donc ou sphériques, presque comme des oogones (pl. 3, fig. 1, 2, 6, 10), ou renflés en massue (pl. 4, fig. 3), ou ovoïdes, dissymétriques courbés, etc. Je passe des formes pour lesquelles des périphrases très-longues seraient nécessaires, mais inutiles à signaler ; en dernier lieu, seulement, citons les cas variables encore, où le filament se dilate sur une assez grande portion de sa longueur (pl. 3, fig. 3).

Tout cela change d'un filament à l'autre et n'est soumis à aucune règle fixe. Cependant on peut dire que les tubes des *Saprolegnia* sont plus souvent renflés en sphère que ceux des *Achlya*, dont les parois semblent moins dilatables et plus résistantes. On peut à ce propos voir les planches 3 et 4 et les explications qui les accompagnent.

Les sporanges sont libres dans l'intérieur de ces renflements ; comme eux, ils sont de forme très-variable, sphériques, ovoïdes, plus ou moins allongés, réniformes, semi-lunaires, etc. Leur nombre, aussi, oscille entre des limites assez étendues : ils sont parfois solitaires ; M. Pringsheim en a compté jusqu'à vingt; j'en ai rencontré plus de cinquante. Tantôt ils sont tous égaux, c'est ce qui a lieu quand leur nombre n'est pas trop considérable; tantôt, au contraire, on en voit quelques-uns beaucoup plus gros au milieu d'un groupe de très-petits. Quand ils sont solitaires, ils sont sphériques ou ovales, et en général fortement développés (pl. 3, fig. 10).

Voici quelles sont les dimensions en général.

Ces sporanges doivent être mesurés après l'évacuation des zoospores; sans cela on ne serait pas sûr qu'ils sont adultes. Les plus petits ont un diamètre longitudinal de $\frac{1}{150}$ de millimètre (d'après M. Pringsheim, $\frac{1}{60}$ de millimètre); les plus gros ont un diamètre longitudinal de $\frac{1}{7}$ de millimètre (d'après M. Pringsheim, $\frac{1}{7}$ de millimètre); les moyens ont un diamètre longitudinal de $\frac{1}{36}$ de millimètre (d'après M. Pringsheim, $\frac{1}{10}$ à $\frac{1}{12}$ de millimètre).

La différence entre les derniers nombres provient probablement de ce que les individus que j'ai observés contenaient en général des parasites plus nombreux.

Ces sporanges sont entourés d'une membrane très-nette, surtout lorsqu'ils se sont vidés de leur contenu; les parois en sont lisses, les contours réguliers; on n'y remarque ni plis ni rides.

Les phénomènes que l'on observe pendant le développement sont les suivants : Le contenu paraît un peu plus sombre dans l'intérieur de l'extrémité déjà notablement renflée, et, en certains points, il y a encore accumulation de plasma. On ne remarque pas de nucléus, mais un amas diffus et rayonnant : l'aspect du filament n'est pas le même que celui qu'il prend lors de la formation des sporanges, il ne présente pas de teinte un peu jaunâtre, mais paraît plus foncé.

Les centres de condensation deviennent plus nets; le reste du sporange se dégarnit de plasma et s'éclaircit : on aperçoit alors des traînées qui réunissent les points sombres entre eux et aux parois (pl. 3, fig. 1, et pl. 4, fig. 1), en formant des réseaux plus ou moins grêles et entremêlés; on y remarque des courants de sens divers. Ces centres d'accumulation laissent enfin apercevoir un corps central sphérique ou ovoïde, petit encore, mal défini et peu visible au milieu de la masse opaque qui l'entoure, et qui peu à peu s'accroît en diamètre.

Enfin le plasma disparaît presque en entier; il n'existe plus dans l'intérieur du filament, dont le volume s'est fortement accru, que quelques rares granules ou des cordons plasmatiques grêles et déliés, partant de tous les points du jeune sporange; il est muni d'une paroi nette et facile à discerner, au moins à son contour extérieur (pl. 2, fig. 2, et pl. 4, fig. 2).

Les observateurs précédents n'ont pu se rendre compte de l'état du jeune sporange avant la disparition du plasma, car la présence des granules nombreux empêche toute transparence : mais il y a un moyen de faire disparaître cette opacité. Si l'on fait agir l'ammoniaque, on voit les filaments plasmatiques et les traînées de granules se rompre, disparaître, et l'ensemble devenir transparent. On aperçoit alors les très-jeunes sporanges constituant des globules souvent jaunâtres, dont le plasma est réfringent. Ils sont en petit ce qu'on les voit plus tard, lorsque le filament est entièrement débarrassé de son contenu; ils n'en diffèrent que par la taille. Il est assez difficile de décider s'ils sont ou non entourés d'une membrane; le contour est très-net, mais il est simple. On sait que quand une cellule est pleine d'un liquide très-réfringent, le contour intérieur est fort ifficile à voir; cela se remarque bien dans les oogones des *Rhipidium interruptum* et *continuum*, où le contour interne de la membrane épaisse s'aperçoit seulement après l'écrasement. L'ammoniaque et les autres réactifs semblent sans action sur ce plasma réfringent et comme oléagineux.

Dans quelques cas, quand le contenu du filament n'est pas trop obscur, on peut apercevoir, sans réactifs, le sporange très-jeune; et si le plasma de ce dernier n'est pas trop réfringent, on constate alors avec certitude qu'il a déjà atteint une taille considérable *sans être encore muni de membrane;* le sporange à cet état est donc encore purement plasmatique. Il est rempli de globules oléagineux, inégaux, de forme irrégulière et anguleuse; tout en étant d'une taille très-restreinte, ils sont cependant d'un diamètre bien supérieur à ceux du plasma qui les environne. Les réactifs rendent ces globules sphériques sans altérer en rien la forme du jeune sporange. Ceci a été observé sur un *Achlya* très-allongé, très-grêle, peu riche en plasma, qui nourrissait l'*O. fusiformis*. On retrouve d'ailleurs ces globules oléagineux dans les formations chytridiennes, par exemple chez le *Woronina polycystis*, mais jamais dans les Saprolégniées saines on n'en rencontre de pareils. La masse du plasma, sans membrane encore, appartenant au parasite, se distinguait aisément du reste du filament.

Quand le sporange a absorbé tous les éléments nutritifs, il est muni d'un contour simple, comme dans le cas précédent et qui ne devient double que lorsque le contenu de ce sporange se modifie. Il perd alors cet aspect de goutte d'huile qu'il avait auparavant (pl. 3, fig. 8-6, et pl. 4, fig. 2 *s*.)

Il est formé d'un liquide clair, dans lequel nagent un grand nombre de globules oléagineux ; la couleur est devenue plus foncée et s'est rapprochée de celle du plasma des Saprolégniées. De grandes vacuoles se montrent : elles sont en petit nombre ; il n'y en a parfois qu'une seule, dont le diamètre peut atteindre la moitié de celui du sporange.

Ces grandes vacuoles disparaissent ensuite, et font place à un plus grand nombre de petites, toutes égales ou à peu près, qui donnent au sporange un aspect écumeux (voy. pl. 3, fig. 8 *c*, et pl. 4, fig. 3 *s*).

Presque sans transition, le contenu s'organise en petites masses sphériques, futures zoospores, et en quelques minutes les vacuoles ont disparu ; le sporange est alors rempli de sphérules qui s'agitent et produisent parfois des courants dans l'intérieur.

Pendant que le plasma offre cet aspect écumeux et caractéristique que nous retrouverons dans toute la série, le sporange émet en un point quelconque, plus ou moins éloigné de la parot, en général au point le plus rapproché, un prolongement (pl. 3, fig. 8, *d*), qui, après une course diversement flexueuse, atteint cette paroi. La direction qu'il a suivie est le plus souvent rectiligne ; elle est quelquefois très-oblique (pl. 3, fig. 6).

L'extrémité du prolongement s'applique perpendiculairement sur la membrane de la plante hospitalière et la perfore ; une courte portion sort au dehors, mais s'allonge à peine à l'extérieur. Là perforation a lieu, comme dans les autres Chytridinées, par dissolution ou résorption, et non par pression. On en a une preuve évidente dans les sporanges développés solitairement à l'extrémité d'un filament : les parois du sporange, s'il est symétrique, sont également distantes des parois (à contours le plus souvent réguliers dans ce cas) du filament renflé ; à aucun instant de l'allongement du tube, la distance ne diminue d'un côté ou de l'autre (pl. 3, fig. 4). Il y a donc dissolution de la paroi, et non perforation par suite d'une pression ; car le premier effet de la pression aurait été de repousser du côté opposé le sporange libre dans la cavité.

Le filament perforateur porte un léger étranglement à l'endroit où il traverse la paroi. M. Pringsheim cite et représente deux prolongements présentés par un même sporange ; M. Nægeli aussi. Mais ce fait est peu fréquent, et plus rarement encore ils s'ouvrent tous les deux ; je n'en ai vu que peu d'exemples. Parmi les autres Chytridinées, on rencontre aussi parfois des sporanges se vidant par plusieurs ouvertures (*Chytridium roseum*, et les *Synchytrium*) ; nous verrons plus loin que le *Rozella septigena* et le *Woronina polycystis* sont aussi dans ce cas.

Le prolongement est rempli d'un contenu qui ne ressemble pas à celui de l'intérieur du sporange ; il est un peu trouble, sans granules et non divisé en petites masses. Peu de temps après que l'extrémité du prolongement est parvenue de l'autre côté de la membrane, à l'extérieur, cette extrémité se crève subitement et les zoospores sont brusquement lancées en dehors avec impétuosité, une à une, quoique le diamètre du tube puisse faire croire qu'il en pourrait passer davantage. Elles restent immobiles une seconde ou deux à l'orifice, puis se dispersent dans toutes les directions (pl. 3, fig. 4 et 8). Celles qui sont restées dans l'intérieur du sporange s'agitent impétueusement, se choquent aux parois et finissent par s'échapper aussi. Chaque sporange en contient des centaines.

Le temps employé pour la sortie dépend beaucoup de l'état de santé de la plante ; il est environ de cinq minutes, et encore les dernières zoospores ne sont-elles jamais aussi agiles que les autres.

Suivant l'état de la plante, leur forme est aussi très-variable. Quand elle est en bon état, elles ont une forme normale, qu'on retrouve dans toutes les espèces parasites sur les Saprolégniées : c'est, du reste, celle que M. Pringsheim a décrite.

Ce sont de petits bâtonnets (pl. 3, fig. 5 et 9 *a*) deux ou trois fois plus longs que larges, un peu courbés, ayant environ $\frac{1}{250}$ de millim. de diamètre, ayant parfois deux dimensions transversales différentes, c'est-à-dire qu'ils sont quelquefois aplatis latéralement. On n'y remarque aucun granule, mais une extrémité plus claire et une plus foncée, formée d'une substance un peu trouble, très-différente de l'autre ; c'est à cette extrémité trouble qu'est, du côté de la concavité, d'une façon dissymétrique par conséquent, attaché leur cil unique (pl. 3, fig. 9 *a*, ils ont la forme normale ; fig. 5, ils sont un peu altérés). M. Pringsheim n'avait pu distinguer s'il y avait un cil ou deux ; il n'y en a jamais qu'un dans les circonstances normales. Il est difficile à saisir sur les zoospores en mouvement ; mais avec un éclairage suffisant et de bonnes lentilles on peut le voir à certains instants : mais pendant une seconde au plus, lorsqu'elles s'arrêtent un moment pour repartir ensuite de nouveau.

Le mouvement de ces petits corps est saccadé, comme celui des zoospores des autres Chytridinées ; ils changent brusquement de direction en pivotant sur l'extrémité de leur cil. C'est, lors de leur arrêt brusque, qu'on peut bien les voir, surtout lorsqu'ils se sont reposés à la surface inférieure du verre mince.

Ils ne restent en mouvement qu'un temps fort court. Au bout de quatre ou cinq minutes après le commencement de la sortie, il y en a déjà un grand nombre d'immobiles. Ils sont devenus sphériques ou un peu irréguliers. Les deux substances se séparent plus nettement l'une de l'autre. La ligne de séparation est probablement ce que M. Pringsheim a vu, qu'il appelle un dessin vague et mal défini, et qu'il compare aux apparences de filaments que M. Nægeli a cru apercevoir dans les anthérozoïdes des Floridées (1).

Ils se décomposent rapidement sans germination ; ce fait n'est pas rare chez les Chytridinées. Nous en avons vu plus haut l'explication.

M. Pringsheim dit qu'après vingt-quatre et quarante-huit heures, ils ne présentent aucune trace de développement. Je n'ai jamais pu les conserver aussi longtemps dans une préparation ; au bout de peu d'instants, ils se résolvent d'ordinaire en granules très-petits, qui s'éparpillent dans le liquide. Dès l'état de repos de ces zoospores, le cil est devenu rapidement indistinct.

Quand le sporange n'est pas en très-bon état, ce qui est fréquent, les zoospores, au lieu de présenter l'aspect de petits bâtonnets, sont sphériques, avec des vacuoles analogues à celles qu'on voit sur les zoospores parvenues à l'état de repos. Leurs mouvements, tantôt sont vifs, quand elles ne sont pas trop altérées ; tantôt, c'est le cas le plus habituel, ils sont très-lents : de telles zoospores ne s'agitent qu'une minute ou deux et périssent dès leur sortie hors du sporange. Il n'est pas rare d'en trouver de pareilles, même dans des sporanges en bon état ; ce sont les dernières qui restent, et souvent elles ne peuvent pas sortir (pl. 3, fig. 4). Leur cil unique est alors visible pendant quelques minutes. Parfois on en trouve plusieurs soudées ensemble d'une façon plus ou moins complète, mais ce sont des cas peu dignes d'intérêt, car ces assemblages ne tardent pas à périr sans se mouvoir jamais.

De toutes les espèces de Chytridinées, celles de ce groupe sont certainement les plus difficiles à observer. En général, la seule pression du verre mince écrase les renflements, qui sont d'un diamètre notable, des filaments attaqués ; les sporanges comprimés, même très-légèrement, donnent des zoospores altérées ou n'en donnent pas du tout. On est obligé, le plus souvent, de rompre les filaments pour les détacher de leur substratum : le contenu se mélange à l'eau, les sporanges changent de place et s'altèrent. La culture sur la lame de verre est presque impossible :

(1) *Jahrbuech. fuer wiss. Bot.*, II, p. 223.

au bout d'une demi-heure, c'est tout à peine si l'on peut encore voir la déhiscence d'un sporange dans une préparation (1).

Spores immobiles : leur développement (pl. 3, fig. 10 et 11 ; pl. 4, fig. 1, 2, 3, 4). — Le deuxième mode de reproduction est constitué par des spores échinées, brunâtres, situées au milieu des sporanges dans les filaments renflés ; elles sont parfois isolées dans les filaments renflés de même : ce sont les spores immobiles.

M. Nægeli ne les a pas vues. M. Cienkowski les figure, sans s'expliquer à leur sujet. M. Al. Braun n'en dit rien après lui ; il ne les a pas vues non plus. M. Pringsheim les a observées et ne sait comment interpréter leur présence ; il les compare, avec exactitude, à ces sphères hérissées de pointes qu'on rencontre dans les Algues munies de chlorophylle, *Vaucheria*, *Spirogyra*, etc., et qui, d'après lui, ne sont sans doute autre chose que les spores immobiles de parasites, vraisemblablement de *Chytridium*, *Rhizidium* ou *Pythium* (*loc. cit.*, p. 225). Il trouve singulier, si ces corps appartenaient à un parasite, que le développement normal du contenu de la cellule ne souffrît aucune perturbation remarquable : nous reviendrons plus loin sur cette affirmation. Les sporanges seraient, dans ce cas, les organes mâles, et les spores échinées, les organes femelles de ce parasite. M. Cienkowski semble considérer ces dernières comme une variété des sporanges ; cependant on ne les voit jamais vides.

Les spores immobiles se distinguent des sporanges par leur

(1) N'est-ce pas à un changement de place des sporanges par pression que M. Pringsheim doit de croire qu'ils sont situés, à l'état jeune, profondément au bas du filament, et qu'ils remontent ensuite ? Il m'a semblé qu'ils se tenaient au milieu du renflement développé plus ou moins au-dessous de l'extrémité ou à l'extrémité même.

M. Pringsheim (*Jahrbuech. f. wiss. Bot.*, t. II, p. 221, en note) n'est pas d'accord avec M. Cienkowski sur un point. Ce dernier représente les filaments déjà renflés dès la première apparition des sporanges ; M. Pringsheim prétend que cela n'est pas exact, et que le gonflement suit et imite toujours la formation du sporange. Il a raison quand il n'y a qu'un très-petit nombre de sporanges ; mais quand il y en a un grand nombre (et c'est le cas représenté par M. Cienkowski, *Bot. Zeit.*, 1855, pl. XII, fig. 5), le trouble apporté dans le filament est considérable dès le début, et il y a gonflement.

contenu, leur couleur et leurs échinules. Elles sont généralement sphériques ou ovales, d'une couleur brun marron ou brun violacé; leur membrane est médiocrement épaisse et munie de dents très-nombreuses et courtes; suivant les espèces, ces dents sont plus ou moins grandes ou larges à la base, par conséquent moins ou plus nombreuses. Leur forme est conique, mais très-aiguë; elles sont disposées en très-grand nombre à la surface de la spore, mais il est possible que, si, dans certaines espèces, elles étaient moins nombreuses, elles formassent des crêtes ou des dessins (comme dans les Péronosporées), dont on pourrait tirer des caractères spécifiques. Les apparences sont les mêmes, chez toutes les espèces, dans la coupe optique passant par le centre; mais à la surface de la spore, les ornements peuvent fournir des indications utiles. Pour s'en rendre compte, il suffira de jeter un coup d'œil sur les spores représentées (pl. 3 et 4, *Olpidiopsis*, et celles de la pl. 7, fig. 22, *a* et *b*, *Chytridium glomeratum*, parasite d'un *Vaucheria*).

A cette spore échinée on trouve accolée, quand la position permet de la voir, une petite cellule *vide*, dont j'ignore le rôle, mais que je désignerai sous le nom de *cellule adjacente*, ce qui ne préjuge rien (1). Elle est soudée avec la spore d'une façon non douteuse et semble avoir déversé son contenu dans l'intérieur de cette spore. Lorsque les échinules sont un peu développées (*O. fusiformis*), on reconnaît sur le contour que les parois sont soudées avec deux de ces dents, qui s'appliquent sur elles et la maintiennent (pl. 4, fig. 4). La membrane est médiocrement épaisse et ressemble à celle d'un sporange. Malgré cette apparence de soudure, qui ne peut tromper, malgré le développement des spores immobiles, qui la montre grossissant parallèlement à l'autre et se modifiant aussi, il m'était resté quelques doutes. En examinant d'anciennes préparations, je trouvai, sur une espèce que je confondais avec l'*O. Saprolegniæ* (A. Br.), des spores immobiles avec une cellule adjacente échinée (pl. 3, fig. 11). Elle était parfaitement vide et munie à la surface de dents courtes et très-visibles.

(1) Voy. pl. 3, fig. 10, *a* et 11, *a*; et pl. 4, fig. 4, *a*.

On pourrait objecter que c'est peut-être une spore plus petite écrasée et vidée accidentellement, mais le dessin formé par l'ensemble des dents ne se ressemble pas dans les deux cas : sur la spore, elles sont extrêmement nombreuses en chaque point; sur la cellule adjacente, elles semblent clair-semées et à base plus large : on ne peut les confondre. Je propose de désigner cette espèce sous le nom d'*O. index*. On conçoit maintenant que cette cellule peut, comme la spore, fournir des caractères spécifiques excellents.

Quel est le rôle de la cellule adjacente ? sert-elle à la fécondation ? Nous avons plus haut agité cette question, qui n'est pas encore résolue, mais qui mérite d'être prise en considération, surtout depuis les travaux de M. Pringsheim sur la fécondation dans le *Pandorina Morum*.

Le développement des spores immobiles n'a pas été observé encore, et cela tient à ce qu'on ne peut les distinguer nettement que lorsque le filament commence à se dégarnir de plasma, c'est-à-dire à un point voisin de leur état adulte. Il faut joindre à cela que la forme des sporanges est à peu près la même, et qu'il est souvent impossible de décider si c'est à l'une ou à l'autre des productions que l'on a affaire; l'observateur ne sait s'il a sous les yeux un jeune sporange ou une jeune spore. Une espèce permet cependant de les reconnaître sans difficulté : c'est l'*Olpidiopsis fusiformis*. Les jeunes sporanges sont allongés et le plus souvent linéaires et grêles, et ne peuvent être confondus avec les jeunes spores qui sont sphériques.

Lorsque le plasma disparaît (pl. 4, fig. 2) du renflement de la plante nourricière, leur développement est déjà fort avancé ; il faut les prendre bien avant cette époque. En faisant agir l'ammoniaque, on aperçoit, outre les sporanges, qui sont linéaires, comme il a été dit, de petits globules sphériques de plasma oléagineux. Il est difficile de décider, comme pour les jeunes sporanges, s'ils possèdent ou non une membrane : leur contenu est jaunâtre ; on y voit quelques granules rassemblés au centre. Ils ne sont pas isolés, mais ils se présentent toujours accompagnés d'un autre globule plus petit, plus clair, ayant à peu près la même apparence et la même forme et contenant un nombre moindre de granules : c'est lui qui constituera la *cellule adjacente*. Ils grossissent simultanément en conservant des volumes à peu près dans le même rapport. L'un est environ le double de l'autre : le plus gros, celui qui est destiné à se transformer en spore, devient trouble et opaque, il est rempli d'un grand nombre de globules oléagineux, et son aspect est grisâtre ; l'autre demeure, au contraire, jaunâtre et oléagineux, avec quelques granules à son centre. La jeune spore paraît bientôt alors munie d'une membrane à double contour : cela tient peut-être à ce que cette membrane se forme à cette époque, ou devient seulement visible par suite du changement de réfringence du plasma interne. La membrane est alors entourée à l'extérieur d'une auréole incolore, claire et transparente, sans granules et comme gélatineuse.

C'est à l'intérieur de cette auréole que se forment les pointes qui hérissent la spore. Elles apparaissent d'abord très-transparentes, faiblement indiquées et comme formées par la condensation de ce mucus (pl. 4, fig. 3); elles ont déjà le contour qu'elles garderont plus tard et leur grandeur définitive. Le contenu de la cellule adjacente a conservé le même aspect que précédemment. Pendant ce développement, les sporanges présentent d'abord de grandes vacuoles, ensuite un contenu écumeux caractéristique et se disposent à émettre leurs zoospores. A aucune époque, la spore et la cellule adjacente plus claire ne montrent une seule vacuole. L'autonomie de cette cellule est donc bien prouvée par le développement lui-même, fait d'un autre ordre, s'ajoutant à ceux qui ont été cités plus haut. En résumé, ce n'est donc ni une spore immobile, puisqu'elle est parfois entièrement lisse, ni un sporange, puisqu'elle ne prend pas l'aspect écumeux et que sa membrane est quelquefois échinée.

Les dents de la spore finissent par acquérir une forme plus définie et des contours plus nets; la spore elle-même se colore en brun; mais c'est plus tard seulement que la petite cellule se vide (pl. 4, fig. 4). Cela donnerait à penser que, s'il y a fécondation, la membrane échinée ne serait peut-être qu'une enveloppe contenant la spore ; en un mot, un oogone.

On distingue mal le contenu de la spore dans la coupe optique ; il est opaque et les échinules empêchent d'en distinguer les détails.

Quel est le sort ultérieur de ces spores ? Elles sont évidemment destinées à germer plus tard, après un long repos, comme les spores des *Synchytrium ;* les filaments qui les contiennent se flétrissent et s'ouvrent ; elles s'échappent alors : on en rencontre quelquefois flottant librement dans l'eau ; on ne les trouve jamais vidées, même à cet état. La germination n'en a pas été observée ; elles sont trop peu nombreuses pour qu'on puisse, avec de sérieuses chances de succès, en entreprendre la culture. Il est probable qu'elles s'entr'ouvrent pour émettre des zoospores, mais on ne peut que faire des conjectures sur le mode de développement.

Démonstration du parasitisme des Olpidiopsis. — Il est nécessaire d'établir d'une façon irréfragable le parasitisme des productions dont nous venons de parler, et chez lesquelles nous l'avons admis jusqu'ici. Il fallait d'abord en faire l'histoire complète auparavant, afin de pouvoir faire une discussion en connaissance de cause. Je dis que nous l'avons admis jusqu'ici, quoique ce qui a été dit (page 81) à propos de la sexualité des Saprolégniées puisse être considéré comme une preuve suffisante.

On ne peut soutenir que ce sont des organes sexuels, puisqu'on les a rencontrés sur des plantes qui en possèdent déjà. Cette considération seule suffirait à démontrer que ce sont des parasites. Les plantes déjà munies de branches latérales, sur lesquelles elles ont été trouvées, sont l'*Achlya leucosperma*, l'*A. racemosa* Hild., le *Dictyuchus monosporus* Leitgeb, et en outre le *Saprolegnia* de M. Al. Braun (1).

M. Pringsheim parle plusieurs fois de la simultanéité de ces productions et des oogones. Elle est tout à fait fortuite ; on les rencontre souvent sans qu'aucun oogone les accompagne. Il

(1) *Ueber Chytridium*, pl. V, fig. 22 et 23 : *S. spiralis* (?).

dit lui-même, du reste, qu'elles en précèdent la formation et qu'il y en a ensuite une deuxième apparition. On voit que ce fait même est assez défavorable à la thèse qu'il soutient. A quoi serviraient des anthérozoïdes développés abondamment pour ne rien féconder?

L'objection la plus grave à toutes les hypothèses contraires au parasitisme, c'est la présence des spores immobiles. Depuis le mémoire de MM. de Bary et Woronine sur les Chytridinées, les spores immobiles sont mieux connues, et la nécessité du double mode de reproduction de ces plantes est établie. Il n'y a rien à répondre à ce fait, qui, joint aux précédents, est suffisant pour convaincre les plus incrédules.

Mais il y a d'autres raisons tirées de la nature de ces plantes elles-mêmes, et qui ont aussi une grande valeur.

Leur apparition est tout à fait irrégulière et, de plus, la même espèce se rencontre sur des plantes diverses (ex. : *O. fusiformis* sur l'*Achlya leucosperma* vivant sur un Ver de la farine, et sur l'*A. racemosa* Hild., développé sur une branche). La forme des sporanges est des plus variables dans le même filament, ainsi que leur nombre; les uns sont déjà adultes et énormes; les autres encore très-jeunes, d'une taille très-faible, et n'ont plus de nourriture, comme s'ils étaient venus trop tard après les autres dans l'intérieur du filament. L'utricule qui les contient est renflée de façons diverses, tandis que les oogones et les sporanges ont toujours à peu près la même forme. Il est singulier que dans ces renflements irréguliers, si peu en rapport avec ce qu'on remarque généralement, et les accumulations plasmatiques extraordinaires chez les Saprolégniées, M. Pringsheim voie un développement normal et régulier. Il est permis au moins de s'en étonner.

La forme des sporanges est celle des *Olpidium*, et la petitesse des zoospores est en outre un caractère qui avait déterminé M. Al. Braun à placer dans ce genre les productions qui nous occupent. Joignons à cela que ces zoospores présentent un cil unique et un mouvement saccadé. Tout cela range les *Olpidiopsis* dans les Chytridinées.

Si les corps agiles ne germent pas dans l'eau, objection que M. Pringsheim reproduit sans cesse, ce n'est pas une raison pour leur refuser le rôle de zoospores : on a insisté plus haut sur ce fait, que chez les Chytridinées entophytes elles ne s'entourent d'une membrane que longtemps après leur pénétration dans l'intérieur de la plante nourricière (p. 116).

Quant à l'opinion qui voudrait que les corps agiles fussent des anthérozoïdes, les sphères échinées étant les organes femelles, elle ne repose sur aucun fondement. Les corps agiles sont produits souvent en grand nombre, sans qu'on aperçoive le développement simultané d'une sphère échinée. Et par où pénétreraient ces anthérozoïdes si petits et si délicats? Du reste, les filaments non perforés contiennent ces spores échinées en même temps que des sporanges, qui déversent ces corps agiles non pas dans l'intérieur, mais bien *au dehors*. — Comment alors aurait lieu cette fécondation?

Du reste, M. Pringsheim n'a pas l'air d'attacher beaucoup d'importance à cette vue de l'esprit, et ne s'y arrête pas.

Pour terminer, il ne sera pas inutile de citer le passage du livre de M. de Bary (1), où il juge ces productions et la théorie à laquelle elles ont donné lieu.

« Une autre opinion que le même auteur réfute, voudrait que ces corpuscules fussent des parasites venus du dehors dans les cavités du *Saprolegnia* et fructifiant aux dépens de son protoplasma; ce sentiment s'appuie principalement sur la grande ressemblance de ces corpuscules avec certains parasites véritables, tels que les *Chytridium*. Il peut s'étayer également de ce que M. Pringsheim a observé près des corpuscules dont il s'agit, et dans leurs conceptacles, des globules finement hérissés, semblables à ceux qui ont été souvent rencontrés chez les *Spirogyra*, *Vaucheria* et autres Algues, et qui appartiennent sans conteste à des végétaux parasites de celles-ci. Les raisons que M. Pringsheim apporte contre cette appréciation, et qu'il serait trop long de reproduire ici, doivent avoir perdu de leur

(1) *Morph. und Phys. der Pilze*, p. 157; et *Ann. des sc. nat.*, 5e série, 1866, t. V, p. 346.

valeur à la suite des nouvelles observations qui ont été faites sur la biologie de ces parasites microscopiques, *et tout semble devoir être remis à l'étude.* »

C'est cette étude que j'ai entreprise, et mes conclusions sont contraires à la théorie de M. Pringsheim.

Étude systématique. — J'ai rencontré plusieurs fois des sporanges d'*Olpidiopsis* non accompagnés de spores immobiles, sur des *Saprolegnia*, des *Achlya* et sur le *Dictyuchus monosporus* Leitgeb ; dans ce cas, on ne peut savoir avec certitude à quelle espèce les rapporter : ce sont elles seules, en effet, qui peuvent décider du nom spécifique. Cela n'empêche pas, vu l'analogie de toutes ces formes, de les représenter pour l'explication du texte, car elles ont souvent offert des matériaux plus complets que les espèces déterminables spécifiquement.

Sur un Crapaud mort trouvé dans les bassins du Muséum, au mois de mars 1869, végétait un *Saprolegnia* fortement attaqué par un *Olpidiopsis*. Les filaments étaient renflés en sphère ou en massue, ou dilatés sur une grande partie de leur longueur. Les sporanges étaient tantôt tous égaux et ovoïdes; tantôt on en voyait quelques-uns très-gros et un grand nombre de beaucoup plus petits (1). Il y avait alors une variété de formes considérable; les uns étaient oblongs, d'autres réniformes, et d'autres ovoïdes. Aucune autre fois je n'ai vu des différences aussi grandes, et il était nécessaire de les citer.

M. Al. Braun a décrit, sous le nom de *Ch. Saprolegniæ*, une espèce que des éléments incomplets ne lui ont pas permis de caractériser : ce nom mérite cependant d'être conservé, l'auteur y a droit; ce sera de plus un hommage rendu à la sagacité du célèbre professeur, qui détermina un parasite avec des matériaux aussi imparfaits et presque à priori. Le nom qu'il a donné, si l'on ne considérait que les sporanges, pourrait s'appliquer aux trois premières espèces d'*Olpidiopsis*. Une seule d'entre elles vient sur un *Saprolegnia;* ce sera donc à celle-là que nous limi-

(1) Planche 3, fig. 1-7.

terons l'espèce de M. Al. Braun. Il est possible que dans la suite on la rencontre sur des espèces du genre *Achlya;* mais avant tout il faut donner un nom raisonnable, et il serait singulier d'appeler maintenant *O. Saprolegniæ* une espèce venant sur un *Achlya.*

Olpidiopsis Saprolegniæ (A. Br.) (pl. 3, fig. 10).

Il a été rencontré sur un petit *Saprolegnia* développé sur un Puceron du Rosier jeté dans l'eau. Cette petite forme rappelait celle qui a été représentée par M. Cohn (1).

Les filaments renflés ne contenaient qu'un seul sporange, comme dans l'espèce de M. Al. Braun; un seul tube de sortie se montre sur le côté dans la figure donnée ici, pl. 3, fig. 10. Les sporanges étaient sphériques; vides, ils n'avaient ni plis ni rides, et étaient d'une régularité parfaite. Les spores immobiles étaient munies d'échinules très-petites et extrêmement nombreuses; elles étaient accompagnées d'une cellule adjacente, à parois lisses (2).

C'est uniquement à cette espèce qu'est désormais restreint le nom d'*O. Saprolegniæ* (A. Br.). La forme des sporanges, si variable dans les espèces de ce groupe, n'est pas forcément sphérique; elle peut probablement varier : le caractère de l'espèce n'est pas tiré de là, mais de la présence d'une cellule adjacente lisse, accolée à une oospore munie d'échinules nombreuses, isolées et non formées par des crêtes. L'indétermination spécifique du *Saprolegnia* est peu importante, car les espèces d'*Olpidiopsis* ne semblent pas rigoureusement confinées dans une seule.

Olpidiopsis Index (pl. 3, fig. 11).

Cette espèce se développa sur un *Achlya* végétant sur des insectes, en novembre 1868; les sporanges étaient elliptiques, comme ceux de la fig. 4, souvent solitaires et d'une taille assez considérable. Elle fut conservée dans une préparation ; ce n'est

(1) *Nova Acta nat. cur.*, t. XXIV, pl. 17, fig. 1 et 2. Elle végétait sur une *Daphnia.*
(2) On en voit quelquefois deux, mais c'est un cas rare (pl. 3, fig. 10, *a*).

que beaucoup plus tard que j'aperçus la cellule adjacente échinulée. Elle constitue ainsi une espèce nouvelle. Cette cellule échinulée et vide, différant par là des sporanges ou des spores immobiles, avec lesquels on pouvait la confondre, a donc une grande importance. Je propose, à cause de cela, d'appeler l'espèce qu'elle caractérise, *O. Index*. Les spores immobiles sont munies d'échinules très-petites et très-nombreuses. On ne voit pas de dessins ou de crêtes à la surface ; les échinules de la cellule adjacente sont beaucoup plus clair-semées, plus larges et plus courtes.

Olpidiopsis incrassata (pl. 4, fig. 12).

J'en ai trouvé une seule fois deux échantillons. Il vivait dans les filaments d'un *A. racemosa* Hild., développé sur des branches tombées dans l'eau, en avril 1869, à Villeherviers (Loir-et-Cher).

Ce qui distingue cette espèce des autres, c'est la forme ovale de ses spores immobiles non échinulées. Leur couleur est jaune brunâtre ; le contenu est épais, granuleux sur les bords, plus clair au centre et muni parfois de gouttelettes oléagineuses. La paroi est entourée à l'extérieur d'un épaississement irrégulier, qui paraît être constitué par une matière analogue à celle qui forme les dents chez les autres espèces. Il n'y avait pas de cellule adjacente visible, à moins que l'une des cellules claires qui touchent la spore supérieure n'en soit une (fig. 12, *a*).

On pourrait peut-être se demander si ce ne seraient pas des sporanges d'une autre espèce arrêtés dans leur développement et environnés de plasma contracté. A cela on peut répondre que les sporanges étaient tous vides, même les plus petits, d'ordinaire tués ou affamés par les gros, qui absorbent tout le plasma ; les spores sont justement d'une taille supérieure à ces sporanges et auraient dû être en avance sur eux, comme il a été dit plus haut (page 142).

Ne seraient-ce pas des spores immobiles arrêtées dans leur développement ? Cette cause, qui les aurait tuées, n'a pas empêché les sporanges d'émettre leurs zoospores ; donc elle aurait été postérieure à leur évacuation ; mais à cette époque les spores immobiles sont à peu près arrivées à l'état adulte.

Ces deux hypothèses sont donc également inadmissibles. Ce qui motive cette discussion, c'est que cette espèce, rencontrée en si rares échantillons, est la seule, parmi les parasites des Saprolégniées, qui présente des parois lisses. Ce fait n'est cependant pas rare chez les autres Chytridinées ; on peut citer comme exemple les *Phlyctidium vagans* et *decipiens* (1). (Voy. p. 121.)

Olpidiopsis fusiformis (pl. 4, fig. 1-4).

Cette espèce a été rencontrée sur l'*Achlya leucosperma*, en juillet 1869 ; sur l'*A. racemosa* Hild., récolté dans l'eau sur des branches, près de Romorantin (Loir-et-Cher), dans les mares de Longueville en mai 1871 ; sur un *Achlya* indéterminé, très-grêle et peu riche en plasma, qui végétait sur des branches, en octobre 1871, près de Romorantin.

Les sporanges sont caractéristiques dans cette espèce. ils sont presque tous très-allongés, fusiformes ou réniformes linéaires. Quand ils sont jeunes, ils sont linéaires et grêles; plus haut il a été question des avantages que présente cette espèce pour l'étude, à cause de la différence entre les spores immobiles et les sporanges. Le renflement au milieu duquel ils se trouvent est très-allongé et le filament longuement conique à la partie supérieure; jamais on ne voit de dilatation ovale ou sphérique.

Les spores immobiles (fig. 4) sont assez différentes de celles qui ont été signalées plus haut dans les deux premières espèces, quoiqu'elles en soient voisines cependant. Les dents sont coniques, subulées, formées d'une substance incolore, beaucoup plus larges et plus longues à la base que dans les autres cas ; elles sont par contre moins nombreuses. Un coup d'œil jeté sur la planche suffira pour faire comprendre la différence. La cellule adjacente est lisse, située entre les dents, qui se soudent à sa paroi du côté où elles la touchent. C'est sur cette espèce que le développement des spores immobiles a pu être suivi : elle a donc aussi une assez grande importance.

Olpidiopsis Aphanomycis (pl. 4, fig. 11).

Il a été rencontré dans les bassins du Muséum, en juillet 1869, sur un *Aphanomyces* indéterminé, développé sur le squelette externe abandonné par une Tipule; je ne l'ai pas retrouvé depuis; les spores immobiles sont inconnues. Les sporanges sphériques ou ovoïdes se rencontrent dans l'intérieur de renflements situés à l'extrémité de courts rameaux (fig. 5), ou bien sont intercalaires; ils sont solitaires ou groupés par trois au plus. Le développement est le même que dans les autres cas; les tubes pour la sortie des zoospores (fig. 10 et 11) paraissent relativement plus gros. Le développement des zoospores n'a pas été vu, non plus que leur sortie; mais tout semble être identique avec ce qui a lieu chez les autres espèces. Malgré les lacunes très-considérables que contient l'étude de ce parasite, il paraît difficile de le ranger parmi l'une des espèces précédentes. Le genre *Achlya* en nourrit trois, le genre *Saprolegnia* au moins une, et il ne semblera pas déraisonnable de séparer sous le nom d'*O. Aphanomycis* un parasite qui s'éloigne notablement des autres. La position, le plus souvent intercalaire, des sporanges, qui sont généralement isolés, et le diamètre assez considérable de leur tube de sortie, sont, à mon sens, des raisons qui justifient suffisamment l'établissement de cette espèce.

Deuxième groupe. — CHYTRIDINÉES ADHÉRENTES.

Genre ROZELLA.

R. Monoblepharidis, Rhipidii spinosi, Apodyæ brachynematis, septigena.

Généralités. — Ce genre, qui comprend quatre espèces, est constitué par des parasites dont la paroi du sporange se soude avec le filament qui les nourrit, de telle sorte qu'il est impossible de découvrir deux couches au point où la membrane est cependant double.

Quelquefois la soudure n'a pas lieu sur toute la surface du

sporange; c'est le cas des espèces qui peuvent développer des sporanges dans une partie moyenne des filaments attaqués; c'est un cas normal chez le *R. Monoblepharidis*, une exception chez le *R. septigena*. Lorsque le sporange du parasite occupe l'extrémité d'un filament, il se soude entièrement avec la paroi, sauf sur une petite surface qui reste libre et simule une cloison. On dirait qu'on a affaire à un sporange de la plante attaquée, mais les modifications du contenu ne ressemblent en rien à ce qu'on observe chez les Saprolégniées et rappellent en tout point ce qui a été décrit chez les *Olpidiopsis*. Les zoospores s'échappent par une ouverture circulaire qui provient de la dissolution d'une papille, représentant le tube de sortie des espèces libres, et dont elle est, pour ainsi dire, le rudiment.

Ce qui distingue le *R. septigena* des autres espèces, c'est qu'il développe ses sporanges dans des portions de filament non modifiées, et que plusieurs d'entre eux peuvent être situés à la suite les uns des autres et simuler ainsi une série de cloisons naturelles. Quand le sporange est solitaire, suivant qu'il est terminal ou intercalaire, il établit la transition entre les différentes espèces.

Le développement du parasite et la soudure avec les parois sont dus à des phénomènes spéciaux. Le *Rozella*, comme les *Olpidiopsis*, mais d'une façon plus saisissante, vit longtemps à l'état de plasmodium, dans l'intérieur du filament, au milieu du plasma; il ne s'entoure d'une membrane que quelque temps après qu'il en a atteint les parois. Nous y reviendrons en étudiant le *R. septigena*.

Les spores immobiles sont sphériques, munies d'échinules; elles sont toutes semblables entre elles, non munies de cellules adjacentes, et, sauf cela, sont très-analogues à celles des *Olpidiopsis* (1). Leur développement est identique; elles proviennent d'un globule renfermé dans une portion renflée, quelquefois accidentellement cloisonnée, qui se nourrit aux dépens du plasma environnant. Les échinules naissent au milieu d'une auréole claire, exsudée par le globule déjà entouré d'une membrane lisse.

(1) C'est pour cela que je n'attribue pas une très-grande importance à la cellule adjacente.

Les spores sont trop rares pour que le développement ultérieur ait pu en être recherché. Le parasitisme de ces formations sera démontré à propos de chaque espèce.

1. *Rozella Monoblepharidis polymorphæ* (pl. 4, fig. 13-18).

Ce parasite a été rencontré au mois de juin 1869, sur le *Monoblepharis polymorpha*, cultivé depuis les premiers jours de mai. Le *Monoblepharis*, après avoir bien végété pendant quelques jours, devint de moins en moins florissant; je finis par le laisser de côté. C'est en cherchant, après un mois, à me rendre compte de l'état dans lequel il se trouvait, que j'observai le parasite. Le *Rozella* était déjà trop avancé; les sporanges avaient émis leurs zoospores, mais je fus assez heureux pour découvrir les spores immobiles.

Quoique assez incomplète, l'histoire de ce parasite est une de celles dont on peut tirer les conséquences les plus importantes. Les sporanges ne sont pas situés, comme dans les espèces précédentes, à l'extrémité des filaments, mais en un point quelconque. Leur présence détermine des renflements considérables qui vont jusqu'à huit fois le diamètre primitif du filament (pl. 4, fig. 13); leur forme est ovoïde. Mais ici un fait nouveau se présente: leur membrane est soudée latéralement avec la paroi du *Monoblepharis*; la portion supérieure et la portion inférieure de la membrane demeurent libres et plus ou moins planes ou convexes.

Le fait de cette soudure entre les parois de deux plantes si différentes, qui nous apparaît pour la première fois, est très-singulier; il est mis hors de doute par certains sporanges et particulièrement par celui qui est représenté fig. 13, *b*. On voit la membrane du *Rozella* et la paroi du *Monoblepharis* arriver au contact; mais une fois ce contact établi, la soudure est si intime et si complète, que les meilleurs objectifs ne peuvent les séparer; l'emploi même des objectifs à immersion ne met pas en évidence que la paroi est double.

On connaît des exemples de soudure aussi intime, mais seulement entre des membranes de la même plante; ils se présentent chez les espèces à sporanges prolifères, chez tous les *Saprolegnia*, chez quelques *Pythium* et le *Monoblepharis prolifera*, mais jamais entre des membranes d'origine aussi dissemblable.

L'ouverture du sporange se voit sur le côté (fig. 13, *p*). Elle est assez étroite, à bords nettement limités; c'est le premier exemple des ouvertures que nous rencontrerons chez tous les parasites qui nous restent à étudier. Quoique je ne l'aie jamais observé, je n'hésite pas un seul instant à affirmer que cette ouverture doit succéder à un organe dont nous parlerons plus loin et qui existe dans les autres espèces, je veux dire une *papille*. Elle est de forme constante dans toute la série et est l'organe qui représente le tube de sortie émis par les sporanges libres. Les tubes de sortie, qui doivent livrer passage aux zoospores, ont un double rôle à remplir : d'abord atteindre la paroi de la plante hospitalière, c'est ce qui détermine leur allongement, et ensuite perforer cette paroi; mais dans le cas où la paroi est directement en contact et même soudée avec la membrane du parasite, le second rôle reste seul à remplir : c'est dans ce cas que se montre la papille; elle est donc, comme il a été dit, le représentant du tube de sortie des zoospores réduit à sa partie perforatrice. La constitution des papilles explique ainsi celle des tubes de sortie, et réciproquement : elle permet de décider quelle est la portion qui perce la paroi de la plante hospitalière; c'est l'extrémité seulement, cette portion remplie d'un plasma non granuleux et assez clair, qui est de forme hémisphérique et termine le tube. C'est cette portion qui a le même aspect et en partie le même rôle chez le *Pythium Cystosiphon* et chez les *P. utriforme* et *imperfectum*.

Il n'a pas été démontré encore que nous ayons bien affaire à un parasite et non à un organe de reproduction du *Monoblepharis*. Les organes sexuels du *M. polymorpha* sont connus, ils ont été décrits plus haut; quant aux formations qui nous occupent, elles n'ont pas trait à la reproduction, puisque la plante hospitalière est déjà munie de ses deux sortes d'organes. On pourrait invoquer qu'on a peut-être là une autre espèce; mais ces formations ayant été trouvées sur des filaments déjà porteurs des organes de reproduction, il n'y a pas d'ambiguïté possible (fig. 13 : *o*, oogone ; *a*, anthéridie); il faut donc abandonner cette hypothèse. La présence des spores immobiles vient encore confirmer ce fait du parasitisme, qui ne peut faire désormais l'objet d'un doute. Il fallait insister sur cette démonstration, car le premier développement de ce *Rozella* n'a pas été observé, non plus que la sortie des zoospores.

Les spores immobiles (fig. 15-18) sont sphériques, brunes, à parois hérissées de pointes nombreuses, et diffèrent assez peu de celles des espèces précédentes ; il n'y a pas de cellule adjacente. Elles sont situées, en général, au centre d'un filament renflé du *Monoblepharis* (fig. 16) ; quelquefois à la base d'une bifurcation ou d'un rameau (fig. 17) ; quelquefois elles ont déterminé une dilatation irrégulière (fig. 18), et sont placées en un point quelconque de cette dilatation. — N'ayant eu affaire qu'à une plante qui avait terminé sa végétation et peut-être un peu altérée, je ne puis rien dire de leur développement.

Les divers états que j'ai rencontrés me permettent cependant d'affirmer qu'il paraît être le même que dans les spores immobiles de toute la série ; la membrane est primitivement lisse (fig. 15) ; plus tard elle se charge d'épines en s'épaississant un peu. Le contenu tel qu'il est représenté (fig. 16 et 17) dans l'intérieur des spores adultes est vraisemblablement altéré.

Cette espèce se distingue des autres, d'abord par son habitat, et ensuite par la soudure intime d'une partie du sporange avec le filament nourricier. — L'étroitesse du filament n'est pas la cause de cette soudure : l'*Olpidiopsis Aphanomycis* (fig. 5-11) le prouve sans réplique.

Ce parasite, malgré les lacunes que contient l'histoire de son développement, est l'une des espèces les plus importantes de la série que nous étudions : il nous fait passer du groupe des Chytridinées libres dans l'intérieur des filaments, aux espèces entièrement soudées ; c'est un intermédiaire précieux et dont la valeur n'échappera à personne ; je propose de le nommer *Rozella Monoblepharidis*. Il vivait sur le *M. polymorpha*, végétant parmi un certain nombre d'autres espèces ; aucune ne se montra attaquée par ce champignon, qui paraît spécial au *Monoblepharis*.

Si nous cherchons à nous rendre compte avec quelles espèces notre parasite a le plus d'analogie, nous trouvons, d'une part, qu'il rappelle l'*Olpidiopsis Aphanomycis* par la position des sporanges, qui ne sont pas situés à l'extrémité des filaments, mais en un point quelconque; d'autre part, il rappelle certaines formes du *Rozella septigena*, celle par exemple qui est figurée pl. 6, fig. 8, 9 et 17, *g*, où les sporanges sont situés en un point quelconque des tubes du *Saprolegnia*. On voit par là quel lien réunit entre elles les espèces, et comment l'une peut servir à expliquer l'autre. Il est fort regrettable, surtout en présence de ce qui a été vu chez le *R. septigena*, que la formation des sporanges n'ait pas pu être observée.

2. *Rozella Rhipidii spinosi* (pl. 5, fig. 1-9).

L'étude du *Rhipidium spinosum* n'a pu être menée à bonne fin; ce fut en partie à cause de la présence d'un parasite : c'est ce parasite dont il va être question ici. (Voy. p. 15.)

Les sporanges du *Rhipidium* sont les seules parties qui le contiennent; il s'y développe en deux sortes d'organes reproducteurs : les zoospores et les spores immobiles. Comme ce *Rhipidium* est imparfaitement connu, on peut se demander si je n'ai pas pris pour un parasite l'un des modes de reproduction de la plante; nous verrons plus loin que non.

Les sporanges de l'*O. Saprolegniæ* (A. Br.) et des espèces voisines sont libres dans l'intérieur des filaments attaqués; ceux du *R. Monoblepharidis* sont en partie soudés aux parois de la plante nourricière; ici le *Rozella* est complétement soudé dans toutes ses parties avec la membrane du *Rhipidium*, et l'observation directe ne permet pas plus de séparer la ligne de suture que dans l'espèce précédente. Il occupe un article terminal renflé de façon à simuler un véritable sporange.

Les sporanges remplis par le parasite se distinguent des sporanges normaux assez difficilement au premier abord; l'aspect du plasma dans le développement ultérieur et la présence de la papille spéciale aux Chytridinées donnent cependant de bonnes indications. Il y a aussi quelquefois une légère différence de forme ; tandis que les sporanges sains sont plus ou moins régulièrement allongés ou ovoïdes, les autres sont en général piriformes renversés.

Dans le premier âge (fig. 1), les sporanges attaqués ressemblent aux jeunes sporanges ordinaires et ne présentent rien de saillant ; mais plus tard, après la formation de la cloison, on constate dans le plasma un changement notable ; on voit apparaître un certain nombre de vacuoles (fig. 2), gouttelettes d'un liquide clair au milieu du plasma trouble : le sporange prend cet aspect écumeux caractéristique de nos parasites et qu'on ne rencontre jamais dans les sporanges des Saprolégniées.

Les vacuoles diminuent ensuite en diamètre et augmentent en nombre ; le contenu devient plus trouble et plus foncé ; bientôt après il se dispose en petites sphérules (fig. 4), indiquées d'abord par des espaces clairs. Ces sphérules prennent un contour de plus en plus net ; ce sont les futures zoospores. Elles s'agitent dans l'intérieur, d'un mouvement d'abord lent et vague et glissent les unes sur les autres en restant à la même place, puis se déplacent les unes par rapport aux autres ; et quand ce mouvement est devenu rapide, elles sont sur le point de s'échapper du sporange.

L'ouverture par laquelle se fera la sortie est indiquée par une papille de forme particulière (fig. 2, *p*), que nous retrouverons chez les espèces suivantes. La place de cette papille est constante, elle est située au sommet du sporange; elle est hémisphérique, formée par le repli de la portion la plus interne de la paroi, qui sort au dehors; la membrane en est très-mince. Le contenu est clair et sans aucun granule; il rappelle celui qui termine les tubes d'émission des *Pythium* à sporanges munis de tubes de sortie.

La papille ne se rompt pas tout d'un coup, elle se dissout avec lenteur, pendant que les phénomènes décrits plus haut se passent successivement, et devient alors indistincte. Lorsque les zoospores s'agitent, la papille a déjà disparu, et cependant la sortie n'a pas lieu : il semble que le sporange soit encore fermé par du mucus invisible, comme cela se présente avec des modifications particulières chez le *Chytridium roseum* de Bary et Wor. (1); elle disparaît en laissant à sa place une ouverture circulaire très-nette (fig. 3 *o*).

Le moment de la sortie arrive enfin. Les zoospores sont lancées par l'ouverture une à une avec une assez grande force ; elles s'arrêtent à une demi-longueur du sporange; elles y restent quelques secondes sans mouvement et comme enveloppées dans un mucus qui les rend immobiles : on voit leur cil unique, roide et sans mouvement, qui est sorti après la partie plasmatique (fig. 3).

Elles commencent, après une ou deux minutes, à s'agiter, d'abord lentement, puis par des mouvements brusques et saccadés, et se délivrent à la fin. Quand un certain nombre sont déjà délivrées, les autres s'échappent, et nagent aussitôt après leur sortie, sans aucun temps d'arrêt ; il semble alors que le mucus invisible, qui arrêtait les premières, ait été dissous ou dispersé. Ces zoospores sont réniformes (fig. 3 *d*), munies d'un seul cil, égal à trois fois environ leur longueur et dont elles se servent comme les zoospores des autres Chytridinées. Leur mouvement est saccadé et ne dure que quelques minutes. Elles sont formées d'un plasma pâle contenant quelques granules vers les extrémités et surtout à la base du cil. On en voit aussi de sphériques et d'elliptiques. Somme toute, la forme est très-variable chez ces petits corps. La forme normale est presque identique chez tous les parasites des Saprolégniées, mais ils s'altèrent avec la plus grande facilité, à cause de leur grand nombre et de la pression qu'ils subissent, des conditions défavorables dans lesquelles se trouvent les touffes arrachées et dissociées qu'on étudie, etc.

Ces zoospores deviennent ovales ou sphériques et s'arrêtent ; elles se décomposent ensuite sans germination : on pourrait se demander encore si ce sont bien réellement des zoospores ; cette question a été plus haut spécialement examinée.

(1) *Comptes rendus de la Société des naturalistes à Fribourg en Brisgau*, vol. III, livr. II, trad. *Ann. sc. nat.*, Bot., 5e série, 1865, t. III, p. 263.

L'ouverture du sporange a la forme d'un cercle dont le diamètre est de beaucoup supérieur à celui de la zoospore; là aussi il doit y avoir une gaîne de mucus incolore, qui rétrécit l'ouverture et ne laisse le passage libre que pour un seul de ces petits corps. On a remarqué un fait analogue chez les *Synchytrium* de Bary et Wor. (1). Les bords de l'ouverture sont très-nets et sont situés sur le contour même du sporange ; il n'y a pas la moindre trace de prolongement, comme on en rencontre dans les sporanges sains du *Rhipidium spinosum* abandonnés par les zoospores.

Les organes échinés (fig. 4) du *Rhipidium* nourrissent aussi le *Rozella :* seulement la papille n'est pas toujours visible; elle est située à la partie supérieure, et se trouve ainsi parfois engagée au milieu des épines et cachée par elles.

On constate donc le rôle identique que jouent, vis-à-vis du *Rozella*, les deux sortes de cellules échinées ou non; ceci est intéressant à noter, surtout parce que j'ai rencontré peu de données sur la fonction de ces organes munis d'épines. C'est en partie pour cette raison que je les considère comme des sporanges du *Rhipidium.*

Il a été dit plus haut que la membrane du sporange du *Rozella* se soudait intimement avec celle du sporange du *Rhipidium*, de sorte que les deux membranes soudées devenaient indistinctes. Mais on peut donner une preuve de ce fait. Elle réside dans la constitution de la cloison du sporange attaqué. Nous avons vu que la cloison est formée par un dépôt de cellulose (2) dans le canal de l'étranglement situé sous le sporange : cette cloison atteint une épaisseur parfois supérieure à deux fois son diamètre (fig. 5). Or, ici, il n'y a rien de semblable; l'étranglement, dont les parois s'épaississent en général, a gardé le diamètre ordinaire; la cloison n'est pas formée par un long et grêle cylindre de cellulose, mais par une membrane mince, qui semble la continuation de la paroi du sporange. Il y a donc une différence considérable avec ce qui se montre d'or-

(1) *Loc. cit.*
(2) Voy. 1re partie, p. 15.

dinaire: cette membrane mince serait la portion libre du sporange du parasite; elle correspond à l'une des surfaces libres du *R. Monoblepharidis*. Cette membrane se montre lorsque le sporange a déjà atteint la grandeur normale. Il y a là une difficulté à résoudre : le sporange du *Rozella* a-t-il existé, avec sa propre membrane et libre de toute adhérence, dans l'intérieur du *Rhipidium?* La question se posera à propos du *Rozella septigena*, où le développement a été suivi de plus près, et elle est résolue par la négative.

Le développement de la papille a lieu très-probablement, comme cela a été observé chez cette dernière espèce, par la sortie au dehors de la membrane propre du *Rozella*. La grande minceur de la paroi montre que ce n'est plus celle du *Rhipidium;* il n'a cependant pas été possible, comme dans l'exemple cité, de séparer, même dans le voisinage de la papille, les deux parois de la plante nourricière et de son parasite.

Deuxième mode de reproduction (pl. 6, fig. 6-9). — Le *Rozella* qui nous occupe a été rencontré aussi à l'état de spores immobiles, et c'est de ce second mode de reproduction qu'on tire des preuves irréfragables du parasitisme.

Les spores immobiles sont pareilles à celles qui ont été signalées dans les *Olpidiopsis Saprolegniæ* (A. Br.), *Index* et *Monoblepharidis*, avec de légères différences; elles sont sphériques, et munies de petites échinules. Leur couleur est d'un brun jaunâtre ou rougeâtre, le contenu est trouble. On voit que par leur forme et leur constitution, elles ne rappellent en rien les oospores des Saprolégniées.

Voici comment elles se forment. Au milieu du plasma disposé en traînées plus ou moins nettes et rempli de vacuoles, se montre un globule plus sombre et un peu brunâtre (fig. 6 *sp*, *b* et *c*) ; l'ammoniaque dissout à peu près tout le plasma qui l'entoure et le met assez clairement en évidence. Il est formé d'une matière transparente et réfringente, dans laquelle sont accumulés un grand nombre de granules qui donnent à l'ensemble une couleur foncée spéciale : c'est le début, la première apparence de la spore. Est-elle déjà environnée d'une membrane? Cela est difficile à décider, quoique peu probable; mais les contours en sont déjà nets, et l'ammoniaque n'en disperse pas les éléments comme ceux du plasma environnant.

Avec le temps, ce globule s'accroît et devient un peu plus foncé ; les matières qui l'environnent disparaissent ; elles ne subsistent à la fin que sous la forme de longues traînées maigres et déliées (fig. 9 *a*), qui finissent par devenir indistinctes; il ne reste bientôt qu'une couche plasmatique plus ou moins épaisse sur les parois du *Rhipidium*. A cet instant, le gros globule, qui joue assez bien l'aspect de la gonosphérie d'un oogone de Saprolégniée, s'est souvent rapproché de la paroi (fig. 7 et 9). En cinq ou six heures, sur le porte-objet, il regagne le centre et se montre plongé au milieu d'un liquide clair, peu granuleux et très-peu réfringent. Des modifications très-notables vont se montrer désormais.

Le plasma, qui était condensé sur les parois du faux oogone, se disperse en granules dans tout l'intérieur : on aperçoit alors qu'il est muni d'une membrane mince. Bientôt le globule du *Rozella* paraît entouré d'une auréole claire, formée d'une matière incolore et d'apparence gélatineuse, qui semble exsudée par lui (fig. 8 et 9 *b*). L'intérieur du globule est toujours trouble et rempli de granules très-petits ; puis, dans l'auréole claire se montrent çà et là (fig. 8) des lignes déliées, figurant des rayons très-grêles ; elles deviennent de plus en plus nettes et finissent par se montrer sur tout le contour (fig. 9 *b*). L'auréole s'élargit, de sorte que les stries, futures échinules, sont englobées dans la masse qui s'étend au delà de leur extrémité. Ce mucus, très-visible, parce qu'il est sans granules, refoule les parties plasmatiques granuleuses, ou bien ces dernières sont absorbées par la nutrition de la spore. Quoi qu'il en soit, le résultat est le même, l'auréole devient diffuse, les granules disparaissent, et la spore acquiert la forme et la couleur qu'elle a à la maturité, et qui est décrite plus haut.

Pendant que ces phénomènes s'accomplissent, il n'est pas rare de voir le canal de l'étranglement s'oblitérer et se fermer.

Mais cette formation est si variable de nature et de position (fig. 8 et 9), qu'on reconnaît un développement anormal, sorte d'hypertrophie irrégulière de la membrane, déterminée par la présence du parasite. De même que les zoospores, les spores immobiles se rencontrent dans l'une et l'autre sorte de sporanges; mais les spores dominent surtout dans les sporanges échinés, tandis que les zoospores se montrent surtout dans les sporanges lisses. C'est du moins ce que m'ont présenté mes échantillons.

J'ai promis de donner une preuve irréfutable que ce corps appartient bien à un parasite et nullement au *Rhipidium*. On pourrait prendre le globule dont nous venons de parler pour une gonosphérie, et la cellule qui le contient pour un oogone; comme le second appareil de reproduction est inconnu dans l'espèce qui nous occupe, on pourrait s'arrêter à cette hypothèse. La forme des spores adultes, si différente de celle des *Rhipidium*, si semblable au contraire à celle des autres Chytridinées, suffirait déjà pour l'écarter; mais il y a d'autres preuves tirées des organes en litige eux-mêmes, et qui prouvent, sans autre considération, que nous avons bien affaire à un parasite et nullement à des organes reproducteurs.

Pour pouvoir, avec juste raison, considérer comme une gonosphérie le globule cité plus haut, il faudrait qu'il existât un organe fécondateur dans le voisinage ou en un point quelconque de la plante. Nous voilà amenés à nous demander si ces corps agiles, qui naissent dans certains faux sporanges, ne seraient pas des anthérozoïdes destinés à féconder la gonosphérie. Nous nous trouvons de nouveau en présence de l'une des hypothèses de M. Pringsheim, mais avec une modification tenant à la position spéciale des organes attaqués du *Rhipidium*.

Si cette hypothèse était exacte, il faudrait d'abord que le prétendu oogone fût fermé par une cloison; dans toutes les Saprolégniées, comme dans les espèces de la classe des Algues, la gonosphérie n'est jamais libre dans le filament, mais formée dans une cellule spéciale. Dans les Algues on trouve toujours des oogones séparés du reste du filament. Ex.: les *Vaucheria*. Ici, au contraire, les articles qui contiennent les gonosphéries sont fréquemment dépourvues de cloison (fig. 6 et 7). Il faudrait surtout, et ceci est d'une importance capitale, que cet organe fût *perforé* pour livrer passage aux anthérozoïdes : nous avons vu ces perforations dans les Saprolégniées (*Monoblepharis*) ; elles se montrent dans toutes les Algues qui possèdent des anthérozoïdes, *Œdogoniées, Vaucheria, Sphæroplea.* Or, ici, rien de semblable : la membrane ne présente aucune solution de continuité, et ce n'est pas l'anthérozoïde qui, dans toute la série des Cryptogames, Fougères et groupes voisins, Mousses, Hépatiques, Champignons, Algues, quand il y existe, est toujours une formation très-délicate et très-altérable, qui pourrait perforer une membrane aussi épaisse : c'est pour cela qu'il a toujours à féconder un globule placé dans un sac largement ouvert, ou muni d'une ou plusieurs perforations, ou même un globule entièrement libre.

Il résulte de ces dernières preuves que, d'après la conformation des organes sexuels dans la série, les organes qui nous occupent ne peuvent être considérés comme sexuels ; il faut donc absolument les rapporter à un parasite. En rapprochant ces considérations des précédentes, il ne reste plus le moindre doute.

Je vais reprendre brièvement les raisons qui me déterminent à attribuer à un parasite les organes qui viennent d'être étudiés ; il est important de ne laisser aucune hésitation dans l'esprit du lecteur, car nous aurons plus loin à décrire d'autres formations (*R. septigena* et *Woronina polycystis*), où les difficultés seront plus grandes encore.

On peut d'abord raisonner par analogie en comparant ce développement de nos sporanges à celui des sporanges des Chytridinées bien reconnues, *Olpidiopsis Saprolegniæ*, et autres ; le plasma écumeux à certains moments, la forme et la taille des corps agiles, l'aspect et le développement des spores immobiles, sont autant de traits d'union entre ces espèces ; les analogies avec le *Rozella Monoblepharidis* sont encore plus grandes. On peut considérer, d'autre part, le rôle et la constitution de ces organes : les sporanges en litige ne sont pas, comme les sporanges ordinaires des *Rhipidium*, fermés par une cloison épaisse (fig. 5), mais par une membrane mince (fig. 2′), qui est le prolongement de la portion la plus interne de la paroi (membrane du parasite). Les parties qui contiennent les spores immobiles ne sont pas toujours fermées par une cloison et ne peuvent être considérées comme des oogones : elles ne portent en outre la trace d'aucune perforation, qui puisse permettre la pénétration des anthérozoïdes. De plus, la constitution des spores immobiles est fort différente de celle des oospores des *Rhipidium* et en général des Saprolégniées.

Nous allons voir que sur l'*Apodya brachynema* Hild. se montrent parfois des formations analogues et tellement semblables, que, sans des raisons qui me semblent sérieuses, j'aurais réuni les deux parasites sous le même nom : or, chez l'*Apodya brachynema*, les oospores sont connues et ont la plus grande ressemblance avec celles des *Rhipidium*; les spores échinées ne peuvent donc pas être attribuées à une Saprolégniée.

Ainsi, en résumé, ces divers organes, différant de ceux des Saprolégniées par leur forme et leur constitution, analogues au contraire à ceux des Chytridinées, appartiennent bien à un parasite voisin des espèces étudiées plus haut.

3. *Rozella Apodyæ brachynematis* (fig. 10-14).

Ce parasite fut rencontré en avril 1869, sur l'*Apodya* (*Leptomitus*) *brachynema* Hild. ; il occupait la plupart des cellules terminales, et la formation des zoospores était en partie empêchée par sa présence. Il offre avec l'espèce précédente les analogies les plus grandes. Il fut étudié avant elle, mais moins complétement : les deux espèces concordent tellement, que l'une est pour ainsi dire l'image fidèle de l'autre. De légères différences existent cependant entre elles ; les spores immobiles ne sont pas tout à fait identiques ; les échinules semblent être ici un peu plus courtes que dans le *R. Rhipidii*.

Sauf cela, tout le reste est identique. Elles sont l'une et l'autre parasites dans l'intérieur d'un sporange, et soudent leur propre paroi à la sienne : les spores immobiles occupent une position analogue.

Le développement du plasma est le même dans l'un et l'autre cas. Ce dernier prend l'aspect écumeux et se résout en zoospores; elles s'échappent au dehors après la dissolution d'une papille terminale (fig. 10 *a*, *p*), qui laisse à sa place un orifice circulaire dont les bords sont d'une grande netteté. Les zoospores sont allongées, munies d'un seul cil; elles ont été moins bien vues que dans l'espèce précédente (fig. 10 *b*, 11); le développement des spores immobiles n'a pu être suivi, cependant j'ai reconnu que la membrane est mince au début et lisse (fig. 12); c'est plus tard seulement qu'elle se couvre d'échinules (fig. 14 *a*).

La cellule à laquelle la membrane du parasite est soudée est un *sporange*, avons-nous dit. On pourrait objecter que c'est peut-être simplement un article renflé et hypertrophié. La présence dans le *Rozella Rhipidii* d'épines sur certains des articles terminaux attaqués ne permet pas de s'arrêter à cette idée; les épines ne se montrent pas ailleurs que sur les sporanges; du reste il n'y a pas dans le *Rhipidium spinosum* d'articles nombreux, comme dans l'*Apodya*. Ce sont donc bien des sporanges et non des articles renflés chez le *Rhipidium*; chez l'*Apodya* il en doit être de même par analogie. La cloison qui ferme le sporange attaqué n'est pas très-différente de la cloison ordinaire; dans ce genre, les particularités relatives aux cloisons s'observent du reste avec difficulté. La grande analogie de cette formation avec la précédente fait qu'on peut se dispenser de répéter les raisons qui doivent en faire admettre le parasitisme; on n'a qu'à se reporter plus haut. Aux raisons qui y sont données, on doit joindre la présence bien constatée des oogones et des oospores. Les oospores sont sphériques ou un peu irrégulières, à parois épaisses, très-blanches et entièrement soudées avec celles de l'oogone. Les oogones sont fréquemment fixés à la base de larges filaments d'*Achlya*, vivant dans la même touffe, et les articles qui les supportent le sont aussi. On aperçoit ainsi un grand nombre d'oospores, mais les anthéridies sont très-peu nettes; elles se distinguent mal des filaments, qui portent les oogones voisins. Malgré l'état incomplet des observations, il n'en reste pas moins acquis que l'*A. brachynema* possède des oospores pareilles à celles des autres Saprolégniées, et notamment du *Saprolegnia monoica* et des *Rhipidium*, et que les spores échinées, si semblables à celles des autres parasites, ne lui appartiennent en rien.

Le *Rozella Apodyæ* constitue une espèce distincte de la précédente. Cela est évident par les différences (quoiqu'elles soient légères) qui existent entre les deux parasites; mais une preuve meilleure peut en être donnée. Sur la branche où vivait le *Rhipidium spinosum* végétait aussi l'*Apodya brachynema;* le premier était entièrement attaqué par le *Rozella*, tandis que le second n'en présentait pas trace. Si le parasite avait pu vivre sur la seconde plante aussi bien que sur la première, il s'y serait transporté comme il s'était répandu sur tous les sporanges du *Rhipidium:* il n'en fut rien. Donc l'espèce qui vit sur le *Rhipidium* diffère de celle qui vit sur l'*Apodya*. C'est par un fait analogue que M. de Bary a reconnu que l'*Uromyces* de la Fève n'est pas le même que celui du Haricot (1), malgré la grande analogie extérieure des deux parasites et des plantes nourricières.

Disons, du reste, en terminant, que les deux Chytridinées qui nous restent à étudier, le *R. septigena* et le *Woronina polycystis*, vivaient également bien aux dépens de deux espèces : *Achlya polyandra* et *Saprolegnia spiralis*, qui végétaient sur le même substratum; c'est l'exemple inverse : il montre que, si quelques parasites se localisent sur une plante unique, il en est d'autres qui se nourrissent indifféremment aux dépens de plusieurs espèces.

4. *Rozella septigena* (pl. 6).

Historique. — Évolution du sporange adulte. — Zoospores. — Le premier qui fit mention de ce parasite est M. Nægeli (2); il le

(1) *Développement des Champignons parasites* (*Ann. des sc. nat.*, 4e série, t. XX, p. 89).

(2) *Zeitschrift f. wiss. Bot.*, p. 29, pl. IV, fig. 7 et 9.

rencontra sur une espèce indéterminée de *Saprolegnia*, et le considéra comme une deuxième forme de sporange. Il le regarda comme une modification de ces formations qui rentrent dans notre genre *Olpidiopsis*, et le crut tantôt adhérent, tantôt non adhérent (1).

M. Pringsheim le rencontra ensuite sur un *Saprolegnia* dépourvu de branches latérales et lui attribua un rôle important dans la fécondation, le rôle d'anthéridies. Cette théorie a été examinée plus haut (page 74), elle ne peut tenir devant les faits; il a parfois lui-même trouvé ces productions sur un *Saprolegnia* muni de branches latérales, rarement, mais il les trouva. Il essaya d'indiquer dans les branches latérales certaines différences avec les branches latérales normales, mais le doute peut subsister dans l'esprit du lecteur (2).

Une lacune laissée par M. Pringsheim, mais qui est naturelle dans l'ordre d'idées où il se trouvait, c'est le manque de détails sur le développement primordial de ces prétendus organes sexuels et la formation de ces singulières cloisons qui partagent le filament attaqué. J'ai repris cette étude, mais je n'ai pu réussir à tout observer; les faits seront indiqués tels qu'ils ont été vus et les points qui restent à découvrir seront signalés.

Le *Rozella septigena* n'est pas beaucoup plus rare que les parasites de la première section; on en trouve souvent des cas isolés. Je l'ai rencontré abondamment et se prêtant à l'étude, en décembre 1869, dans un étang de Chaville, sur l'*Achlya racemosa* Hild.; en novembre 1871, dans le même étang, sur un *Achlya* indéterminé (dans les deux cas les Saprolégniées vivaient sur des branches de Peuplier), et surtout en avril et mai 1871, sur le *Saprolegnia spiralis* et l'*Achlya polyandra* Hild., végétant sur du biscuit de munition, dans un bassin à l'École normale supérieure.

Les filaments attaqués, parfois renflés irrégulièrement, parfois non modifiés (fig. 10 et 13), sont munis de distance en dis-

(1) C'est probablement de cette espèce qu'il est question dans le mémoire de M. Al. Braun (*Ueber Chytridium*, p. 63), dans un passage cité ici page 46.

(2) *Jahrbuech. fuer wiss. Bot.*, t. II, p. 209, pl. XXII, fig. 6, *b*.

tance, à partir du sommet, quelquefois presque jusqu'à la base, d'un certain nombre de cloisons qui semblent être dues à un développement normal. Les cellules, ainsi formées, subissent une évolution régulière de haut en bas en général, et présentent tous les phénomènes décrits dans les Chytridinées précédentes. Le plasma se remplit de vacuoles (fig. 1 et 11) et prend l'aspect écumeux; il se sépare ensuite en un grand nombre de petites masses, qui deviennent de plus en plus nettes et finissent par s'agiter d'un mouvement vague. Avant que le contenu ait subi ces transformations, on voit naître, en un ou plusieurs points de l'article, un mamelon d'apparence claire (fig. 10, 11, 17), tout à fait identique avec ceux que l'on voit dans le *R. Rhipidii spinosi*. Il constitue une papille qui se dissout peu à peu, et laisse à sa place une ouverture ronde, à bords très-nets (fig. 5 et 6).

Tout à coup les zoospores sortent brusquement et se répandent dans le liquide. Quand elles sont normales (fig. 2) et bien développées, elles ne sont plus sphériques, comme dans la cellule, mais allongées, dissymétriques et courbes, munies d'un cil unique égal à trois ou quatre fois leur longueur. La substance qui les constitue est claire et homogène avec un espace plus sombre près de la base du cil. Elles ressemblent sous tous les rapports aux zoospores des autres parasites; leur mouvement est le même, il est inutile d'y insister. Leur taille est très-variable; les figures 3 *a* et *b* montrent les petites masses dont se sont formées les zoospores de deux cellules différentes; cela entraîne une grande variation de diamètre dans la forme normale. Sur un même filament la taille semble cependant être constante dans tous les sporanges.

Les altérations ne sont pas rares chez ces petits corps si délicats. Les zoospores représentées (fig. 2) sont les zoospores normales, observées sur des plantes en bon état; mais on peut voir (fig. 4) l'aspect que présentent des zoospores anormales, et ce sont elles que j'avais d'abord vues; elles ont été dessinées en décembre 1869 d'après des sporanges qui donnèrent lieu à un développement médiocre de zoospores. Elles ont été observées à l'aide d'un objectif à immersion n° 10, de M. Hartnack, peu de minutes après leur sortie. Elles étaient immobiles ou à peu près, et s'étaient à peine agitées : leur forme est sphérique ; elles sont munies d'une vacuole en général unique et d'un espace plus sombre ; elles présentaient un ou deux cils, parfois un plus grand nombre : c'est ce qui explique probablement l'hésitation de M. Pringsheim à propos du nombre des cils ; quelques-unes étaient manifestement formées de zoospores soudées, ce qui permet de le conclure pour les autres. C'est ainsi qu'on peut commettre des erreurs en étudiant des plantes qui ne sont pas dans un parfait état de vie et de santé. M. Roze en a signalé quelques-unes, différentes, mais dues à la même cause, dans l'observation d'anthérozoïdes des Cryptogames supérieures étudiées dans de mauvaises conditions.

Les zoospores normales s'arrêtent au bout de peu de temps et se décomposent rapidement sans germer dans l'eau. On a suffisamment insisté (p. 115) sur ce fait, qui se présente fréquemment chez les Chytridinées.

Le mouvement des corps agiles hors des cellules dure peu ; mais quand cette sortie n'a pas lieu, on les voit s'agiter pendant longtemps pour s'efforcer de s'échapper : dans ces conditions l'agilité peut se prolonger beaucoup. Je trouvai un filament dont deux cellules étaient remplies de zoospores, qui s'agitaient avec une grande rapidité ; il était onze heures et demie du matin : à six heures moins un quart — après six heures et quart — le mouvement était encore très-rapide. Forcé de quitter l'observation, je tâchai de conserver la préparation ; mais elle se dessécha. Cette longue durée dans des circonstances analogues n'est pas un fait isolé dans la famille, M. Al. Braun en cite un exemple autrement remarquable chez le *Phlyctidium decipiens* (1). Le mouvement dura plus de *cent huit* heures.

Examen des faits cités par M. Pringsheim. — Démonstration du parasitisme. — Jusqu'à présent les faits seulement ont été rapportés sans qu'on mentionnât ce qu'avait dit M. Pringsheim ;

(1) *Ueber Chytridium*, p. 56.

nous allons maintenant signaler les inexactitudes qu'il a commises, et prouver que nous avons bien affaire à une Chytridinée parasite.

La papille occupe une place très-variable; elle n'est pas toujours terminale, comme le croit M. Pringsheim, et d'après ce qu'on a dit, on voit qu'elle ne ressemble en quoi que ce soit (comme il l'affirme) à l'extrémité tronquée et vide du sporange qui livre passage aux zoospores des *Saprolegnia*. Elles sont en effet *hémisphériques*, remplies d'un contenu homogène et clair; elles sont situées plus ou moins sur le côté de la portion terminale du filament : il y en a deux le plus souvent par article. Il n'y a donc *aucune analogie* entre le point de sortie des petits corps agiles décrits plus haut et celui des zoospores des *Saprolegnia* (voy. pl. 6, fig. 5, 6 et 7.)

On voit des portions de filament d'*Achlya* s'isoler par une cloison aussi souvent que des filaments de *Saprolegnia*. On ne rencontre pas exclusivement dans ce dernier genre, comme le croyait M. Pringsheim, ces prétendues anthéridies; et le parallélisme qu'il pensait pouvoir établir entre les anthéridies des *Saprolegnia* et des *Achlya*, et les sporanges de ces deux genres, tombe ainsi de lui-même (voy. pl. 6, fig. 1, un *Achlya;* et fig. 11, un *Saprolegnia*). Ces formations ont été en effet observées, comme il a été dit, sur les *Achlya racemosa* et *polyandra*, sur le *Saprolegnia spiralis* et une autre espèce de *Saprolegnia* indéterminée. Elles ne caractérisent pas non plus les espèces dénuées de branches latérales, comme l'affirme encore M. Pringsheim, car le *Saprolegnia ferax* ne m'a rien montré de pareil, et lui-même n'en parle pas dans son étude sur cette plante (1); MM. Thuret (2), de Bary (3), n'en disent rien non plus. Bien plus, les trois espèces citées plus haut sur lesquelles j'ai rencontré le *Rozella septigena* sont toutes pourvues de branches latérales.

On pourrait peut-être objecter qu'on a affaire à une deuxième

(1) *Entwickelung der* Achlya prolifera (*Sapr. ferax*).

(2) *Ann. des sc. nat.*, 3e série, t. XIV, p. 229, pl. 22.

(3) *Bot. Zeit.* (1852), p. 473.

forme d'anthéridies destinée à subvenir à l'insuffisance de l'autre mode de fécondation ; mais l'*Achlya polyandra* est très-richement muni de branches latérales, et les deux espèces d'*Achlya* citées ne possèdent aucune perforation qui pût permettre l'introduction dans l'oogone d'un anthérozoïde venu de l'extérieur. Ainsi, les corps agiles, qui n'existent pas forcément, quand manquent les branches latérales, et qui se montrent parfois quand ces dernières existent, ne peuvent être destinés à les remplacer. Ils n'ont donc aucun rapport avec la fécondation ou la sexualité et appartiennent à un parasite, comme dans les cas précédents.

Ils se développent non-seulement dans les filaments ordinaires, mais encore dans les filaments destinés au deuxième mode de reproduction, dans l'intérieur des oogones ou des branches latérales. M. Pringsheim a représenté ce dernier cas, qui est fort remarquable. On peut voir ici (fig. 11) un oogone très-jeune du *Saprolegnia spiralis*, né à l'extrémité d'un filament qui a traversé un sporange vide : l'oogone et son support ont été envahis par le *Rozella septigena ;* la même chose a été observée dans les oogones et les branches latérales de l'*Achlya polyandra*. Ainsi, loin de servir à la reproduction, ces formations l'entravent.

Le parasitisme est suffisamment démontré par ces faits ; on peut cependant continuer l'examen des raisons données par M. Pringsheim.

Il affirme qu'il se montre simultanément avec les oogones : cela est inexact pour le *Saprolegnia ferax*, qui donne fréquemment des oospores sans qu'aucun filament soit partagé par des cloisons. On voit en outre fréquemment, dans une culture, les filaments cloisonnés émettre leurs corps agiles pendant plusieurs semaines, sans qu'un seul oogone apparaisse. Les filaments cloisonnés et les oogones n'ont donc aucun lien entre eux.

Quant à la régularité du développement de haut en bas, elle peut s'expliquer aussi bien par le développement normal de la plante que par celui de son parasite

En dernier lieu, le fait le plus probant pour la démonstration du parasitisme, c'est l'existence de spores spéciales, constituant comme dans les autres espèces le deuxième mode de reproduction d'une Chytridinée. Pour les mêmes raisons que plus haut (voy. p. 143) et qu'il est inutile de reprendre encore, on ne peut attribuer un rôle sexuel à ces spores échinées, et la seule interprétation possible est celle du parasitisme.

Développement du sporange. — Le parasitisme du *R. septigena* étant bien établi, il va être question de son premier développement : il était nécessaire de n'en parler qu'après la démonstration du parasitisme, car on rencontre des faits très-différents de ceux auxquels on est habitué d'ordinaire, et les conclusions qui vont s'en déduire auraient pu paraître incertaines sans cela.

Ce développement a été suivi sur l'*A. polyandra* Hild. et le *S. spiralis*, ainsi que sur une espèce d'*Achlya* indéterminée, récoltée à Châteauneuf-sur-Loire, et qui ne fructifia pas.

Le procédé employé dans l'observation fut la culture d'une petite touffe soigneusement détachée, avec son substratum, de la touffe générale ; on put suivre ainsi au microscope des filaments déterminés et les retrouver le lendemain plus avancés ; j'ai pu garder ainsi des sporanges trois jours complets.

Le plasma s'accumule à l'extrémité des filaments ; il est plus ou moins foncé et rempli de granules : une cloison se forme dans la masse noire, une portion plasmatique restant en dehors et ainsi de suite du haut en bas. J'ai été assez heureux pour assister à plusieurs de ces formations d'une façon très-nette. Elles le sont surtout quand la cloison est la dernière qui se formera. Toute la matière granuleuse et sombre se rassemble et prend un contour arrêté ; il est parfois régulier et transversal, parfois au contraire anguleux ou oblique. Le bord est plus clair et réfringent. Il semble qu'on ait sous les yeux une goutte d'huile qui se sépare du reste du plasma. Après quelques minutes le contour prend encore de la netteté et finit par être formé d'une ligne double : la cloison est cependant encore molle et plasmatique (fig. 13).

Parmi les irrégularités que présente la cloison, on peut signaler celle qui est représentée fig. 8 *m* : la cloison *m* est oblique ;

dans la figure 1 *m*, la cloison supérieure du parasite est irrégulièrement ondulée. Dans la figure 9 *n*, une portion est séparée du reste *v*, par un étranglement considérable : cette modification de la forme normale est la plus complète que j'aie rencontrée; elle n'a pas cependant entravé le développement de ce sporange irrégulier à deux lobes; il a donné des zoospores, comme si ses parois s'étaient régulièrement formées et soudées avec les parois de la plante nourricière : en *u* on voit le repli de la membrane du parasite. Cet exemple montre bien qu'elle s'est formée autour d'une matière visqueuse accidentellement séparée en deux globules confluents.

Ainsi, le développement du sporange du parasite ressemble en tout point à une formation propre de l'espèce attaquée; le plasma semble appartenir à la plante hospitalière, mais il appartient en réalité au parasite; voilà ce qu'il fallait bien établir. Il en résulte donc que le plasma du *Rozella* est répandu dans le filament au milieu d'un autre plasma et qu'il y subit une évolution régulière, de façon à tromper l'œil le plus exercé. En dernier lieu, il s'entoure d'une membrane, usurpant ainsi en apparence toutes les fonctions de celui aux dépens duquel il vit.

Il est bien sûr et bien certain qu'il n'y a aucune espèce de membrane avant la formation de la cloison; c'est seulement vers l'époque de la reproduction qu'on voit apparaître le double contour : on a donc affaire à un sporange qui acquiert du premier coup son volume définitif, et non pas à une cellule, qui s'accroît jusqu'à se souder aux parois du filament.

On peut chercher s'il ne resterait pas des traces de cette soudure, ou si l'on ne pourrait pas la mettre directement en évidence, sans avoir besoin d'observer le développement du parasite. M. Pringsheim dit que cette manière de voir est formellement contredite par les faits, ce que nous avons dit montre qu'il se trompe.

La cloison est manifestement double, formée de deux ménisques, qui, tous les deux ne se raccordent pas toujours exactement au même niveau avec la paroi latérale; il en résulte fréquemment qu'un petit espace de la paroi demeure simple. Il se produit quelquefois une rupture en ce point; les deux ménisques se séparent, et la portion de paroi latérale libre montre nettement le raccord des deux membranes appartenant, l'une au parasite, l'autre à la plante nourricière. Il est possible aussi, dans certains cas, surtout près de la papille, de constater un dédoublement de la paroi, mais ce cas est rare (pl. 2, fig. 7). Cette soudure intime ne doit pas trop nous étonner; dans les espèces à sporanges prolifères la soudure des membranes juxtaposées est souvent si parfaite, qu'il est impossible de reconnaître jusqu'à trois membranes juxtaposées. La forme irrégulière de la cloison prouve aussi que le parasite est bien muni de sa paroi propre, différente de celle du filament. M. Nægeli (1) considère de même la formation de ce sporange comme due à une cellule dont les parois se soudent à celles du filament; mais il n'en signale qu'un seul et non plusieurs disposés en file.

L'emploi des réactifs n'est pas aussi utile qu'on pourrait le croire pour la séparation des deux éléments cellulaires. On sait que chez les Champignons les membranes ne se colorent en bleu, sous l'action du réactif cellulosique, que dans des cas spéciaux : les Saprolégniées constituent un de ces cas (le genre *Monoblepharis* fait cependant exception). Chez les Chytridinées, la cellulose est au contraire très-rare et on ne la rencontre qu'en des points circonscrits de quelques espèces (2). Le *Rozella septigena* est cependant coloré en bleu par le chloroiodure de zinc; il est donc impossible de se servir de ce caractère pour séparer les deux membranes.

Mais les réactifs peuvent, d'une autre manière, être employés

(1) *Zeitschr.*, loc. cit.

(2) Les espèces sur lesquelles j'ai pu l'observer ont le *Chytridium xylophilum* (voy. p. 116) et le *Chytr. anatropum*, dans les deux cas à l'orifice du sporange. M. Woronine (*Bot. Zeit.*, 1868, p. 88) la signale dans les membranes du *Synchytrium Mercurialis*, qui ne présente que des spores immobiles. On la retrouve dans la membrane du sore du *Synchytrium Stellariæ* Fuck., l'une des espèces que j'ai pu observer, et dans celle des spores immobiles. Dans la membrane du sore, c'est une petite zone très-restreinte entourant un cercle qui se dissout; c'est très-probablement la papille du sore, non remarquée jusqu'ici, mais que M. Woronine a décrite et figurée sans paraître y attacher grande importance, dans la germination des spores immobiles du *Synch. Mercurialis* (*Bot. Zeit.*, 1868, p. 88, pl. II, fig. 13 et 14).

avec fruit : ils permettent de distinguer le plasma du parasite. L'ammoniaque rend très-clair celui de la Saprolégniée et laisse sans altération celui du parasite ; on aperçoit alors ce dernier, non pas jaunâtre et oléagineux, comme il était dans le premier groupe, mais plus pâle et peu distinct; il a cependant la forme générale qu'il aura plus tard ; il ne lui reste plus qu'à s'étendre. J'ai vu dans un filament jusqu'à deux de ces globules, mais ils sont difficiles à bien mettre en évidence.

Il y a un deuxième mode de cloisonnement sur lequel j'ai conservé des doutes, mais qu'il est cependant utile de signaler, pour qu'on tâche d'en vérifier l'exactitude par des observations ultérieures, c'est celui qui est représenté fig. 10. On voit les cloisons *x*, *y*, *z*, très-nettes, tandis que les deux espaces *u*, *v*, paraissent être des cloisons en voie de formation, qui semblent devoir se développer dans l'article déjà formé *d*, limité par *x*. Il y a peut-être ainsi trois sporanges : les trois papilles *p*, qui se montrent déjà, le feraient croire. Je n'ai pu éclaircir ce point, qui touche de si près cependant à la constitution du parasite.

L'existence du plasma du *Rozella*, ou plutôt de son *plasmodium* dans l'intérieur du filament, est mise hors de doute par les détails qui ont été donnés plus haut ; on a vu les conséquences qui en ont été tirées et les affinités que présentent les Chytridinées et les Myxomycètes ; mais pour l'espèce qui nous occupe il reste encore plusieurs questions non résolues.

Comment se forment ces sporanges disposés en file? proviennent-ils d'une zoospore unique ou de plusieurs zoospores? Le plasmodium se segmenterait-il en plusieurs fragments, vivant ensuite d'une manière indépendante? L'âge plus ou moins avancé des divers sporanges se voit dans leur développement successif; ils émettent leurs zoospores assez régulièrement de haut en bas, de sorte que chacun d'eux est moins âgé que celui qui lui est immédiatement superposé. Cela peut provenir de deux causes : soit de ce qu'il est issu d'une zoospore qui aura pénétré plus tard dans le filament, soit encore qu'il procède, par fractionnement, du plasma, qui a formé le sporange supérieur.

Dans ce dernier cas il y aurait une sorte de gemmation rappelant ce qui se passe chez les animaux inférieurs, les Hydres par exemple, où le nouvel animal atteint, au bout d'un intervalle plus ou moins long, la taille de celui qui lui a donné naissance. C'est à l'hypothèse du fractionnement que je me rangerais le plus volontiers, l'autre paraissant moins vraisemblable (1).

On sait en effet que les Chytridinées pénètrent surtout dans les organes jeunes, gorgés de sucs nutritifs et dont les membranes sont plus faciles à traverser : les *Synchytrium* en sont un bon exemple. Il en résulte en général que les parties supérieures des végétaux sont de préférence attaquées. Ce fait se retrouve dans nos espèces. Les plus jeunes sporanges, s'ils provenaient des zoospores introduites en dernier lieu, devraient donc se montrer à la partie extrême, c'est-à-dire la plus jeune du filament : c'est justement le contraire qui a lieu.

La famille des Chytridinées renferme une espèce déjà connue, qui a plus d'un rapport avec le *Rozella septigena* : c'est celle que MM. de Bary et Woronine (2) ont appelée *Olpidium simulans* et qui vit dans l'intérieur des cellules du *Taraxacum officinale* Wigg. Les sporanges, disposés en file, remplissent entièrement la cellule renflée ou non et y produisent de fausses cloisons : ils émettent leurs zoospores par un petit orifice, qui est circulaire, vu de face. L'adhérence des parois du sporange avec celles de la cellule semble assez grande. Je regrette de n'avoir jamais rencontré, et de ne connaître que par le mémoire cité, ce parasite, dont la comparaison plus approfondie avec le *R. septigena* serait très-intéressante.

Deuxième mode de reproduction. — Le deuxième mode de reproduction que M. Pringsheim ne connaissait pas, consiste en spores immobiles, analogues à celles qui ont été observées dans

(1) Ce fait correspondrait, chez les Myxomycètes, à un fait entièrement analogue et qui semble très-probable d'après ce qu'on sait de ces singuliers végétaux. Les mouvements amiboïdes du plasmodium permettent d'en supposer un fractionnement normal en dehors des causes accidentelles.

(2) *Loc. cit.*

les espèces précédentes; mais il y a ici une modification particulière des filaments qui contiennent ces spores.

Les altérations produites dans le filament par la présence des sporanges du *Rozella* sont souvent insignifiantes; il n'en est pas de même pour les spores immobiles : il y a production d'une sorte d'organe latéral spécial ayant la forme d'un oogone. C'est là que se développent les spores immobiles, et pas ailleurs (fig. 15-17). C'est un renflement sphérique à l'extrémité d'un court rameau, ce qui le fait ressembler aux oogones des Saprolégniées; le diamètre est le même que chez ceux du *S. spiralis*, plante sur laquelle il a été observé. Mais on ne peut le confondre avec eux : le support, en effet, est rectiligne et non contourné en spirale; il n'y a aucune branche latérale, aucune trace même d'arrêt de développement de ces prolongements. La cloison de ce faux oogone manque fréquemment et n'est jamais qu'accidentelle; les parois n'offrent à aucune époque la moindre discontinuité ou perforation : ce n'est donc certainement pas un oogone du *Saprolegnia* ou de toute autre espèce. Cette analogie de forme est très-singulière et ne se rencontre que dans cette espèce de *Rozella*.

Ces renflements se montrent, en général, sur les filaments qui présentent déjà des sporanges. Les figures 15 et 17 le montrent avec évidence; sur la figure 17 ils sont contenus entre deux cloisons : je ne vois pas, du reste, comment expliquer ce dernier fait. Ils sont toujours situés *au-dessous* des sporanges. Nous retrouverons le même fait dans l'espèce suivante, le *Woronina polycystis*. Il est probablement lié à la formation et à la fécondation des spores immobiles.

Il était important de signaler que les deux sortes d'organes du *Rozella* sont le plus souvent en rapport l'une avec l'autre sur le même filament, afin de bien montrer qu'ils appartiennent au même parasite.

Les spores immobiles sont sphériques (fig. 15, 16 et 17), munies d'échinules nombreuses et très-petites; elles ont un diamètre variable, qui est, en moyenne, un peu supérieur au demi-diamètre du faux oogone qui les contient. Quand elles sont adultes, il n'y a pas la moindre apparence de plasma dans la portion qui les renferme; elles sont plongées dans un liquide ayant l'apparence de l'eau. Leur couleur est brune : le contenu est opaque, trouble et finement granuleux ; sur quelques-unes on distingue une endospore, mais assez difficilement. On voit que cette constitution est la même que celle de la plupart des spores des autres parasites étudiés précédemment. On n'aperçoit pas de cellule adjacente.

Leur développement est le suivant. Les faux oogones présentent une sorte de noyau sombre, environné de traînées de plasma; à mesure qu'il grossit, le plasma disparaît de plus en plus, et produit ainsi des vacuoles de plus en plus considérables. Le globule s'est pendant ce temps entouré d'une membrane nette (fig. 16 *a*), puis d'une auréole claire et large, formée d'une substance d'apparence muqueuse, transparente et homogène : quelques points de cette auréole se relient aux parois par des cordons plasmatiques (fig. 16 *b*). Dans cette auréole se forment peu à peu les échinules, qui apparaissent sous la forme de courtes lignes, faiblement indiquées çà et là dans la masse transparente; puis elles deviennent plus nettes, et l'auréole, plus vague, disparaît peu à peu (fig. 16 *a* et 17 *a*). Les traînées s'effacent ; enfin, la spore arrive à l'état de développement complet et ne se modifie plus avec le temps.

Ce deuxième mode de reproduction est extrêmement rare : sur un nombre considérable d'individus attaqués, couvrant un morceau de biscuit de munition, long et large de 5 centimètres, je n'ai trouvé qu'une seule touffe dans cet état, composée seulement d'une trentaine de filaments fructifères : ils furent conservés pendant une semaine et étudiés avec soin.

Les faits observés coïncident entièrement avec ce qui a été décrit chez les autres parasites, le lecteur le remarquera sans peine; mais on peut concevoir quelle méprise aurait pu se produire, si l'on avait examiné légèrement et sans être prévenu les spores immobiles développées sur des filaments ainsi attaqués. En ne tenant pas beaucoup compte des objections que la présence des cloisons sur le filament pouvait soulever, et rapprochant ceci du mode de fructification du *Saprolegnia ferax*, qui est dépourvu de branches latérales, un esprit un peu aventureux eût pu établir des théories, qui n'auraient pas peu contribué à embrouiller encore l'histoire de la fécondation chez les espèces dépourvues de branches latérales; histoire qui, après les travaux de M. Pringsheim, présentait des complications assez embarrassantes.

J'ai considéré le développement fort singulier de ces renflements latéraux comme dû à un parasite. De leur forme même on peut conclure que ce ne sont pas de vrais oogones, détournés de leur rôle ordinaire : la forme, d'une part ; l'absence totale de branches latérales ou de rudiments même de ces productions, ne permettent pas de s'arrêter à cette idée. Comment et pour quelles causes ce renflement se montre-t-il ? Quels en sont les débuts? Ce sont autant de questions qui restent, malheureusement encore, à résoudre.

Les rapports du *Rozella septigena* avec les autres parasites du même groupe sont évidents ; comme eux, il soude la membrane de son sporange à celle de la plante nourricière : les *R. Rhipidii* et *Apodyæ* occupent l'extrémité du filament de la plante attaquée et sont contenus dans un seul article ; le *R. Monoblepharidis* est situé au milieu du filament. Mais, si l'on imagine une série de pareils sporanges, on arrive au *R. septigena*.

Troisième groupe. — CHYTRIDINÉES PRÉSENTANT DES SORES.

Genre WORONINA.

WORONINA POLYCYSTIS (pl. 7).

Historique. — Sporanges. — Démonstration du parasitisme. — Le genre ne contient jusqu'ici qu'une seule espèce.

M. Pringsheim est le premier qui ait signalé cette formation ; il la rencontra sur un *Achlya* dépourvu de branches latérales (*A. prolifera*) et qu'il nomma *A. dioica* (1). Dans la théorie

(1) Je rapporte cet *Achlya* à l'*A. prolifera* Nees, parce que, dans l'étude qu'il en a faite (*Bot. Zeit.*, 1852), M. de Bary considère le deuxième mode de reproduction

sexuelle examinée plus haut (p. 77), il lui attribue le rôle d'organe mâle. Il donne quelques détails sur cette plante, mais il en a mal vu le développement, et il avoue lui-même qu'il y a encore bien des lacunes à combler.

Le *W. polycystis* est rare ; je ne l'ai rencontré que trois fois en tout : à Chaville, près de Versailles, dans l'étang Vert, en mars 1870, en échantillons isolés et très-incomplets sur l'*Achlya racemosa* Hild. ; en avril 1871, sur le *Saprolegnia spiralis* et l'*Achlya polyandra*, dans le bassin de l'École normale, en compagnie du *Rozella septigena*, et en juin 1871, sur l'*A. racemosa* Hild., près de Romorantin, dans l'eau d'anciennes marnières, à Longueville.

J'ai pu réunir ainsi quelques matériaux pour l'étude de cette plante, mais ils ont été malheureusement incomplets. Si, d'une part, j'ai été assez heureux pour rencontrer des faits que n'avait pu observer M. Pringsheim, par contre je n'ai pu vérifier tous ceux qu'il a observés ; je les admets donc sans restriction. Cette lacune est d'autant plus regrettable, que cette espèce est la plus compliquée du groupe, et constitue un genre parallèle au genre *Synchytrium*, dont l'histoire est assez bien connue ; les rapprochements et les comparaisons faites plus complétement et de plus près auraient eu le plus grand intérêt.

Les filaments attaqués sont parfois un peu renflés ou contournés, irréguliers (fig. 1-5) et de forme différente de la forme normale ; le nombre des cloisons n'est jamais si considérable que

comme semblable à celui du *Saprolegnia ferax*. Les oogones sont munis de perforations véritables, les oospores sont identiques ; il ne dit pas qu'il y existe des branches latérales. Ces caractères sont justement ceux que M. Pringsheim signale pour son *Achlya dioica*.

Outre cette espèce, en fait d'*Achlya* à oogones munis de véritables perforations, je ne connais que l'*A. leucosperma* sp. nova (voy. p. 24), chez lequel le nombre des branches latérales, leur forme et la blancheur des oospores frapperaient l'observateur le plus superficiel. Ce n'est donc pas cette espèce.

Les autres *Achlya* sont les *A. racemosa*, *lignicola* et *polyandra* découverts par M. Hildebrandt, et les *A. contorta* et *recurva* novæ species (voy. p. 22 et 25), dont les oogones ne sont pas perforés.

Il est singulier que les deux seules espèces dénuées de branches latérales aient été justement observées les premières.

chez le *Rozella septigena*. Dans l'intervalle de ces cloisons se trouvent des sphérules en nombre variable (fig. 6, 8, 9, 10, 16, 17), disposées suivant un amas, qui remplit imparfaitement l'article ; on voit parfois dans la partie libre flotter des granules oléagineux (fig. 9 *a*). Le nombre et le diamètre des sphérules oscillent entre des limites assez étendues. Il est assez difficile de compter le nombre de celles qui se trouvent dans une cellule, à cause des couches successives qu'il faudrait traverser : un coup d'œil jeté sur les figures permettra d'en juger. Quant au diamètre, il suffira de considérer les figures 16 et 17 dessinées à la chambre claire au même grossissement, pour avoir une idée de ses variations : il va de $0^{mm},01$ à $0^{mm},02$.

Les sphérules présentent bientôt les mêmes états que les sporanges des autres parasites : M. Pringsheim le fait remarquer et y insiste plusieurs fois. On leur voit prendre l'aspect écumeux, et le contenu se segmente en globules, qui deviendront les corps agiles ; en même temps chaque sphérule, selon M. Pringsheim, émet un prolongement ou col de sortie : les corps agiles sortent successivement de chaque sphérule et se répandent dans l'intérieur de la cellule qui les contient. Vers cet instant, une papille, qui se dissout lentement, laisse béante une ouverture par laquelle ils s'échappent au dehors ; il y a donc deux sorties successives, l'une hors de la cellule mère, l'autre hors de la cellule générale.

Je n'ai pas constaté que toutes les sphérules portassent un pareil prolongement. M. Pringsheim dit que l'orientation empêche souvent de l'apercevoir. Dans le groupe représenté fig. 8, on n'en remarque que trois (*s*) ; on n'en voyait qu'un pareil nombre dans le groupe représenté fig. 10, dont les détails sont reproduits fig 11, 12 et 13, et cependant un seul est favorablement placé. Dans certains cas, il semblait que les sporanges fussent disposés en file ou par plans, et que le terminal fût seul muni d'un col de sortie ; mais il faut renoncer à cette manière de voir, car M. Pringsheim affirme que chacune des sphérules se vide dans l'intérieur du filament. On sait d'ailleurs que, dans les capitules d'*Achlya*, ces ouvertures, *quoique régulièrement orientées*, sont difficiles à voir *toutes*. — Je n'ai pas observé la sortie des zoospores.

La papille n'est pas forcément unique, la fig. 16 *p* en montre quatre pour un même article ; elle n'est pas non plus forcément apicale dans l'article terminal (fig. 10, 16 et 17). Je n'ai du reste pas pu bien observer ces papilles avant leur dissolution, les filaments attaqués étant très-peu nombreux, et cet organe ne pouvant être étudié que quand il se présente de profil ; mais la place qu'il occupe d'ordinaire et l'ouverture qu'il laisse après sa dissolution étant identique avec celle des papilles des *Rozella*, on peut sans erreur conclure à l'identité de toutes ces formations. Il est possible, par exemple, que le prolongement *s*, fig. 7, doive être rapporté, non pas à la sphérule, mais à une papille. Je n'ai pu acquérir aucune certitude sur ce point.

Les corps agiles sont au nombre de vingt à trente dans chaque sphérule. Après leur sortie, on remarque qu'ils ont la même forme que ceux qu'on observe chez le *Saprolegnia dioica* Pringsh.; c'est-à-dire qu'ils sont identiques avec ceux du *Rozella septigena*. M. Pringsheim y revient à plusieurs reprises. Le développement qui a lieu, ici aussi, régulièrement de haut en bas, lui prouve qu'on a bien affaire à un organe de la plante et non à un parasite. On a vu ce qu'il faut penser de cet argument.

Après s'être agités quelque temps, les corps agiles s'arrêtent et dépérissent sans germination. Il en conclut que ce sont des anthérozoïdes.

Une fois les zoospores sorties, les sphérules apparaissent comme de petites enveloppes claires et transparentes, non comprimées les unes sur les autres et parfaitement sphériques (fig. 10). Il est possible qu'elles soient adhérentes entre elles, mais en aucun cas elles ne semblent polyédriques comme les enveloppes laissées par les zoospores du *Dictyuchus;* du reste, en face de chaque enveloppe, on ne voit pas de perforation dans la paroi, comme chez les faux dictyosporanges (voy. p. 12). Ajoutons que l'observation est très-difficile par transparence et qu'on ne juge pas bien de leurs rapports, car les parois des filaments sont fréquemment souillées par des impuretés et couvertes d'Infusoires ; tout cela enlève une grande partie de la netteté.

M. Pringsheim fait remarquer qu'il y a entre ce mode de sortie et celui qui se présente chez le *S. dioica* la même différence qu'il y a entre le genre *Saprolegnia* et le genre *Achlya*. Toutes ces raisons ingénieuses, et qui semblent convaincantes au premier abord, ne peuvent résister à un examen sérieux.

Ces productions, loin de caractériser le genre *Achlya*, se rencontrent aussi sur les *Saprolegnia*. Il m'est arrivé de les observer sur des représentants de l'un et l'autre genre, en même temps que le *Rozella septigena* (prétendu organe mâle du *S. dioica*), qui ne caractérise non plus ni l'un ni l'autre. Il est faux aussi qu'elles ne se montrent que sur les espèces dépourvues de branches latérales; car les *Achlya racemosa* Hild. (fig. 15), *polyandra* Hild. et le *S. spiralis*, les présentaient concurremment avec des branches latérales. On les rencontre parfois occupant l'intérieur des filaments porteurs d'oogones et d'anthéridies, et empêchant ainsi la formation des oospores, loin d'y concourir. On n'a du reste qu'à se reporter à ce qui a été dit à propos du *R. septigena*. Pour l'une et l'autre formation, M. Pringsheim, en voulant démontrer leur rôle sexuel, se servit des mêmes raisons et donna les mêmes preuves; on les rétorquerait par les mêmes arguments : après ce qui vient d'être dit, il n'est plus possible de s'arrêter à l'opinion du savant professeur.

Je ne rappellerai que pour mémoire les preuves qu'il tirait de la régularité du développement, de la position des papilles, de l'absence de germination des corps agiles : tous ces faits ont été expliqués et ne prouvent rien pour sa théorie. Il reste encore à dire, pour lui porter le dernier coup, que le second mode de reproduction du parasite a été rencontré; et que le rapport de ces spores avec les sphérules, c'est-à-dire les sporanges, est hors de doute (voy. fig. 14-18).

Maintenant que le parasitisme en est bien établi, nous allons passer à l'histoire du développement du *Woronina;* on y verra encore des faits semblables à ceux qui ont été décrits chez le *R. septigena*. La grande analogie de ces deux Chytridinées et leur parallélisme avaient été bien devinés par M. Pringsheim, seulement il se trompa dans l'interprétation des organes.

Développement. — Le développement a été suivi de la même manière que dans le cas précédent (*R. septigena*) en cultivant une touffe mise à part.

Les filaments attaqués présentent à leur extrémité une concentration plasmatique considérable, coïncidant souvent avec un renflement. Le plasma est beaucoup plus foncé et opaque que lors de la formation du sporange; on y distingue des espaces plus clairs, analogues à ceux que Unger a nommés *areola*. On n'y voit, au centre, aucun corpuscule, aucun globule autour duquel ait lieu la concentration (fig. 1, 2, 3, 4, 5). La partie inférieure du plasma se limite par un arc dont la concavité est tournée vers la partie inférieure : à cet instant aucune cloison n'est formée, ainsi que le montrent les réactifs, qui contractent le tout en une masse épaisse et opaque.

Puis une cloison se forme dans la masse sans que l'arc inférieur soit mieux délimité (fig. 2) ; puis une seconde, puis une troisième. Il arrive même que la cloison se forme (fig. 3) au-dessous d'un point où le plasma est concentré, et qu'elle limite ainsi un espace relativement clair et hyalin ; c'est ce qu'on observe aussi dans l'espèce précédente : c'est en général au dernier article formé. On voit donc trois ou quatre cloisons successives apparaître de haut en bas.

Ainsi, le premier développement du *W. polycystis* est à peu près le même que celui du *R. septigena;* il semble qu'il y ait là aussi une formation due au filament lui-même, tandis qu'elle est due au parasite. On pourrait en tirer les mêmes conséquences que plus haut.

Il arrive souvent, quand la plante n'est pas dans de bonnes conditions de vie et de santé, que le développement s'arrête là : on croirait avoir affaire à ces sortes de conidies signalées par M. Bail et qui sont analogues à celles des Érysiphés : avec le temps, les cellules se désarticulent et se dispersent dans le liquide; mais il faut être en garde contre de pareilles ressemblances. J'avais trouvé plusieurs fois, soit libres, soit encore attachées au filament, ces singulières cellules remplies d'un contenu foncé, et une fois, les rencontrant abondamment, je tentai de les faire germer comme les autres : je ne pus y réussir, quoique je les eusse placées dans les meilleures conditions : l'une de ces sortes de cellules se transforma en sporange de *W. polycystis.* — Le fait me parut si étonnant, que je recherchai d'une façon plus précise et plus nette les débuts du *Woronina.* J'observai ainsi pendant plusieurs jours le même filament, afin d'être bien sûr de ne pas me tromper. On peut voir (fig. 5 et 6) l'un de ces filaments. Les légères différences de forme tiennent à ce qu'il était un peu irrégulier et ne se présentait pas toujours du même côté.

On peut remarquer que tous les filaments ne se développent pas ainsi dans la touffe, mais seulement un petit nombre; il semble que ce parasite soit fort altérable. On voit certainement des exemples de cet arrêt de développement sur les Saprolégniées lignicoles de date déjà ancienne et dont la culture marche mal. Si ces fausses spores paraissent assez communes, leur transformation normale en sphérules est au contraire assez rare.

Reprenons le développement du filament de la figure 5.

Le premier jour (1er mai 1871), il était formé de deux articles *a* et *b*, montrant une ou deux vacuoles; le plasma était opaque sans aucun noyau ou centre de formation : le reste du filament présentait un plasma peu abondant. Le lendemain, dans l'article supérieur *a*, les deux vacuoles avaient disparu; les parties les plus opaques avaient changé de place : le second article *b* montrait la formation de sphérules encore un peu engagées dans une masse plasmatique. Au-dessous de ce second article s'en trouvait un troisième, *c*, *dont il n'y avait aucune trace la veille,* et qui présentait des sphérules à peu près au même état que le précédent. Le jour suivant, les sphérules de cet article s'étaient vidées; celles du précédent, non plus sphériques, mais polyédriques par pression, contenaient des zoospores déjà formées (fig. 7) : aucune papille ne se montrait sur les parois des articles; cela était peut-être dû à la position défavorable du filament. Les sphérules, sauf une seule, *a*, ne présentaient aucun prolongement; le seul qui fût visible était d'une taille considérable (*s*, fig. 7) et presque égal à celle de la sphérule (1) ; le plasma en était clair et finement granuleux : toute la journée se passa à attendre la sortie des corps agiles ; le jour suivant, les sphérules étaient vides. L'article supérieur ne subit aucun développement.

Cette circonstance, toute défavorable qu'elle fût, ne laissa pas que d'avoir son intérêt, car elle montra d'une façon irrécusable que les sphérules sont formées aux dépens d'un plasma qui s'organise directement. Quelquefois, comme le fait remarquer M. Pringsheim, tout le plasma n'est pas employé, et il reste quelques globules oléagineux çà et là : nous en avons parlé plus haut ; on peut en voir un exemple fig. 9 *a*. Cette même figure montre la transformation du contenu des articles en train de s'accomplir.

La formation ayant lieu comme dans le *R. septigena*, on peut se proposer de rechercher des traces de la membrane due au *Woronina* et qui vient doubler la paroi de la plante nourricière. On ne voit pas aisément dans l'espèce précédente si la paroi est double ; les cas pareils sont très-rares, même sur un nombre considérable d'individus : ici où les filaments attaqués sont en petit nombre, rien de pareil n'a pu être rencontré. En revanche on voit se produire fréquemment un fait plus rare dans l'autre espèce ; les articles se détachent les uns des autres plus ou moins complétement (fig. 9). Les cloisons se séparent suivant les deux feuillets qui la constituent ; mais souvent aussi cette rupture est imparfaite et les parties sont encore assez fortement adhérentes entre elles pour ne pas devenir libres, même après plusieurs jours : le filament représenté était contenu dans la même touffe que celui de la figure 5, et il resta dans cet état tout le temps des observations, quoiqu'il partageât les tractions et la pression subies par les autres. Dans ce cas, on aperçoit le lambeau (fig. 9 *l*) de la paroi de la plante nourricière, qui dépasse le contour de la cloison. On voit de même, au point où les deux cloisons se raccordent avec la paroi, ce qui n'a jamais lieu très-

(1) C'était peut-être la papille, peu favorablement placée pour l'observation.

exactement, les trois membranes laisser entre elles un petit méat, comparable à ceux qu'on observe au point de rencontre de trois cellules dans les tissus des plantes (fig. 3 et 4, *m*).

Remarques. — Le premier développement du *R. septigena* est presque identique avec celui du *W. polycystis;* mais une différence profonde ne tarde pas à s'établir entre les deux. Tandis que le contenu de la cellule formée par le premier s'organise directement en zoospores, chez le second ce contenu se fractionne en sporanges nombreux : la membrane formée au début chez l'un appartient à un sporange, chez l'autre elle constitue une enveloppe générale, qui contient plusieurs sporanges. Il y a donc entre ces deux parasites une différence considérable.

Ces sporanges groupés dans une enveloppe générale se retrouvent dans un autre genre de la famille des Chytridinées, le genre *Synchytrium*, établi par MM. de Bary et Woronine; ils ont donné à l'ensemble le nom de sore. Dans ce genre, qui renferme plusieurs espèces, la membrane générale contenue dans une cellule hypertrophiée de la plante nourricière se rompt sous l'action de l'humidité. Ces parasites, attaquant des plantes terrestres, se trouvent dans des conditions de nutrition et de milieu extrêmement différentes de celles du *Woronina :* malgré cela, les analogies sont très-étroites entre les deux genres, et sont, par conséquent, fort remarquables. Nous retrouvons donc dans la famille des Chytridinées des parasites, vivant sur des plantes aquatiques, analogues à ceux qui vivent sur des plantes terrestres, les *Rozella* et le *W. polycystis* constituant une série parallele au *Chytridium simulans* et aux *Synchytrium*. C'est une preuve qui s'ajoute par surcroît à celles que nous avions déjà du parasitisme de nos prétendus organes sexuels; et cette analogie aurait peut-être pu mettre quelques observateurs sur la voie de ces recherches.

La différence entre notre *Woronina* et les *Synchytrium* est assez faible. Chez le premier, l'enveloppe générale du sore se soude avec les parois de la plante nourricière, et les sporanges, réunis en groupe, sont libres dans l'intérieur. Dans le genre

Synchytrium, au contraire, l'enveloppe est assez étroitement appliquée sur les sporanges, les rend polyédriques par pression et n'est pas adhérente à la cellule qui contient le sore : la couleur du plasma est en outre orangée.

Dans chaque cellule attaquée par les *Synchytrium*, il n'y a qu'un sore; sur les Saprolégniées, il y a plusieurs sores développés à la file et successivement. Proviennent-ils du même plasmodium qui s'est segmenté, ou de plusieurs plasmodium distincts à l'origine et développés isolément ? Je ne saurais le dire; le lecteur pourra se reporter à ce qui a été dit pour le *R. septigena*, où la même question est effleurée, mais non résolue (voy. p. 172).

L'étude du *Woronina* peut servir à mieux connaître les *Synchytrium*. MM. de Bary et Woronine n'ont pas indiqué par quel mécanisme se produisait la rupture de la cellule hypertrophiée qui renferme le sore; le *Woronina* nous mettra sur la voie. En traitant par le chloroiodure de zinc des sores de *Synch. Stellariæ* Fuck., j'ai remarqué dans la membrane une ouverture circulaire étroite, dont les bords se coloraient en rouge brique ou rouge violacé sous l'influence du réactif. Ce trou est évidemment l'emplacement d'une papille analogue à celle du *Woronina*; elle doit servir à perforer la paroi de la cellule nourricière et y déterminer une première ouverture, qui s'agrandit par déchirure; les sporanges sont mis en liberté, ou bien les zoospores peuvent s'échapper au dehors si les sporanges ont pu, sous l'action de l'eau, leur donner naissance. Dans cette dernière hypothèse on voit que le rôle des papilles dans les deux genres serait identique.

M. Woronine (1) a rencontré dans le développement des spores immobiles du *Synchytrium Mercurialis* une papille analogue, présentant les mêmes résultats après l'action des réactifs; l'hypothèse précédemment émise n'a rien que de très-plausible : l'étude de notre plante a donc ainsi permis de découvrir un organe difficile à observer directement et qui avait échappé à deux observateurs très-distingués.

(1) *Bot. Zeitung*, 1868, p. 88. pl. II, fig. 8 et 14; pl. III, fig. 18.

Spores immobiles (fig. 14-19). — Le deuxième mode de reproduction du parasite est constitué par des spores immobiles (fig. 14) contenues dans un article renflé : elles sont très-rares, mais se rencontrent en général sur les filaments qui contiennent déjà les sporanges ; elles sont disposées en file et non pas latéralement, comme dans le *R. septigena*. M. Pringsheim ne les a pas observées.

Leur couleur est d'un brun verdâtre : elles portent à leur surface des ornements formés de sortes de pyramides courtes soudées en un réseau élégant ; la paroi qui les porte est d'un ton un peu plus clair. A travers cette enveloppe on ne peut rien voir du contenu, sinon qu'il est opaque (fig. 14).

Cette spore se développe dans un article renflé, tantôt presque sphérique (fig. 15), tantôt seulement ovoïde (fig. 17). Quand cet article est terminal, il n'est pas rare que ce soit une portion placée au-dessous de l'extrémité, qui se renfle, de façon à donner l'apparence de la figure 19 : quand cette spore se forme, elle est d'abord constituée par un globule noirâtre, situé au milieu du contenu opaque de l'article ; dans certains cas même (fig. 18 *c*) on ne l'aperçoit pas. Il grossit ensuite et devient plus apparent ; le plasma se dispose autour de lui en traînées et présente les phénomènes décrits lors de la formation des sporanges des *Olpidiopsis ;* il s'entoure bientôt d'une membrane qui finit par se couvrir de ces singulières verrues polyédriques ; à la fin, il ne reste plus aucune trace de plasma, tout celui de l'article ayant été absorbé.

Les dimensions de cette spore sont très-variables et ne dépendent pas toujours de celles des filaments qui les contiennent : les figures 15, 16, 17 et 18 montrent ces variations, qui sont assez considérables dans un même filament. Le diamètre oscille entre $0^{mm},042$ et $0^{mm},140$, du simple au triple et même plus.

Ces spores se forment toujours dans l'intérieur d'un article, du moins celles qui se sont présentées à moi étaient dans ce cas ; parfois la cloison était très-éloignée, mais elle existait cependant. Dans la figure 19, la cloison, qui n'a pas été reproduite, était située au-dessous du renflement à une distance égale environ à six fois le diamètre de ce dernier.

Dans les *Synchytrium*, rien de pareil ne se montre; quand deux spores immobiles naissent dans la même cellule, elles ne sont jamais séparées par une cloison : cependant la présence du parasite détermine dans les cellules attaquées des segmentations en nombre considérable.

La présence du *Pythium gracile* Schenk (*P. reptans* de Bary) détermine sur les *Vaucheria* la formation de cloisons spéciales; dans quelques cas, rares du reste, on observe des cloisons accidentelles dans les cellules qui contiennent les spores immobiles des espèces du genre *Rozella*, ainsi que dans les filaments présentant un grand nombre de sporanges de l'*Olpidiopsis Saprolegniæ*. N'y aurait-il pas ici un fait semblable?

Qu'on me permette cependant de citer une Chytridinée qui montrait quelque chose d'analogue à ce qui a lieu chez le *W. polycystis*. Le parasite vivait aux dépens des *Vaucheria sessilis* et *terrestris* récoltés sur un sol humide, à Châteauneuf-sur-Loire (Loiret), au mois de mai 1871. Je n'y rencontrai pas de sporanges, mais seulement des spores échinées (fig. 21 et 22). Elles étaient contenues entre deux parois. On voit (fig. 20 et 21) la suite du développement : en *a* (fig. 20), le parasite est très-jeune et l'on voit à peine le premier état des sphérules plongées au milieu d'une substance opaque ; en *b*, il y a déjà une membrane autour de chacune d'elles ; en *c*, les spores sont presque mûres; dans la figure 22, on voit des spores de forme et de taille différentes. Je propose de lui donner le nom de *Chytridium glomeratum*, le nom de genre devant être donné ultérieurement avec plus d'exactitude (1).

(1) Dans la famille des Chytridinées, c'est la considération de la manière d'être des sporanges et l'émission des zoospores qui caractérisent le genre. Dans les cas où les sporanges manquent normalement, il faut, pour le déterminer, obtenir la germination des spores immobiles. Le parasite cité ici pourrait probablement être rapporté à un type dénué de sporanges. Ex. : *Synchytrium Mercurialis*.

Dans la classe des Algues, le *Sphæroplea annulina* présente le même fait, et les zoospores ne se montrent que dans la germination des oospores.

L'analogie avec le *Woronina* consisterait dans ce fait, que les spores immobiles se forment dans l'intérieur d'une cellule, aux dépens d'un plasma uniformément répandu dans son intérieur, à ce qu'il semble ; les parois de la cellule devant être attribuées, soit au filament nourricier, soit à son parasite.

Dans quelques cas, les spores immobiles se présentèrent sur des filaments de Saprolégniées munis déjà d'oogones et de branches latérales. On voit (fig. 15) l'*Achlya racemosa* Hild., dont les oogones et même les oospores en voie de formation ont été tués par le *Woronina*. Cependant, en *a*, la spore immobile n'a pu réussir à se développer, et la cellule qui devait la contenir ne renferme qu'un plasma trouble et peu granuleux, évidemment altéré.

Dans tous les cas observés, où les deux modes de reproduction du parasite existaient simultanément, les spores immobiles se montrèrent comme dans le *R. septigena*, toujours au-dessous des sporanges ; cette situation invariable indique la dépendance et le lien de ces deux formations, et montre que l'une et l'autre appartiennent à la même plante : cela prouve aussi que le plasma de *c* (fig. 16), qui ne paraît pas, peut-être à cause de son opacité, présenter de globule plus sombre, est destiné, d'après sa position, comme *d* (fig. 18), à donner une spore immobile née postérieurement à celle qui est située au-dessus.

En résumé, malgré les lacunes et les imperfections de l'histoire du *Woronina*, on peut dire qu'il constitue l'espèce la plus intéressante de tout le groupe des parasites étudiés ici.

Ce qui prouve qu'on a bien affaire à un parasite, c'est :

1° L'hypertrophie et l'altération des filaments.

2° L'existence, sur les plantes qui le présentent, d'organes sexuels complets, oogones et branches latérales, les organes étant parfois par cela même altérés et mis à mort.

3° L'absence de ces productions dans les espèces types décrites par Hildebrandt (*A. racemosa et polyandra*).

4° La présence simultanée d'une autre formation également accidentelle (*R. septigena*) sur ces mêmes espèces ; ni l'une ni l'autre ne caractérisant plutôt tel genre que tel autre.

5° La présence de spores immobiles, ou deuxième mode de reproduction d'une Chytridinée.

6° Le parallélisme de ces formations avec d'autres parasites connus, les *Synchytrium*.

On peut ainsi affirmer, en terminant, que toutes les productions que M. Pringsheim considérait comme des anthéridies, sont les sporanges de parasites appartenant à des genres divers de la famille des Chytridinées, dont les spores immobiles sont connues désormais, et dont les zoospores (prétendus anthérozoïdes), ne germant pas dans l'eau, concordent en cela avec la plupart des zoospores des Chytridinées.

Nous pouvons enfin conclure que chez les Saprolégniées, la reproduction sexuée s'accomplit suivant deux types seulement. La fécondation s'opère, dans l'un au moyen des branches latérales, dans l'autre au moyen d'anthérozoïdes semblables aux zoospores.

Ces deux types, considérés à un point de vue un peu général, diffèrent à peine : chez l'un, l'élément mâle, non doué de mouvement, est déversé par l'organe mâle dans la gonosphérie ; chez l'autre, il est muni de cils, et pénètre dans l'intérieur de l'oogone et se fond dans la gonosphérie, sans le secours d'aucun organe.

Dans les deux cas, l'élément mâle est plasmatique ; il a pour effet de déterminer autour de la gonosphérie la production d'une membrane cellulosique et de changer ce globule en oospore.

EXPLICATION DES PLANCHES.

PLANCHE 1.

Fig. 1. *Achlya polyandra* Hild. Anthéridies déjà formées à l'extrémité des branches latérales entourant un oogone non encore séparé par une cloison. — Grossissement : 225 fois.

Fig. 2-8. *A. racemosa* Hild.

Fig. 2. L'oogone n'est pas encore muni de sa cloison; l'anthéridie *a* est déjà formée; *b*, branche latérale née sur l'oogone qui ne produisit aucune anthéridie. Elle permit de retrouver l'oogone le lendemain, au milieu de la touffe conservée à part. — Grossissement : 225 fois.

Fig. 3. Le même oogone le lendemain : deux gonosphéries se sont formées; l'anthéridie a émis deux prolongements qui se dirigent chacun vers l'une d'elles. — Grossissement : 225 fois.

Fig. 4. Autre oogone non isolé encore par une cloison. Il est muni de vacuoles, premier indice de la séparation du plasma : les vacuoles ne se montrent pas près des bords. *a*, anthéridie déjà complétement formée. — Grossissement : 225 fois.

Fig. 5. Le même, le lendemain. Deux gonosphéries se sont formées, et chacun des deux prolongements, nés de l'anthéridie, se dirige vers l'une d'elles. — Grossissement : 225 fois.

Fig. 6 et 7. Formation des gonosphéries. — Grossissement : 287 fois.

Fig. 8. Autre oogone renfermant une gonosphérie unique : l'anthéridie émet un prolongement unique qui s'enfonce dans la gonosphérie. — Grossissement : 170 fois.

Fig. 9-15. *Achlya contorta* Nobis. — Grossissement : 370 fois.

Fig. 9 et 10. Anthéridies en train de se vider dans les gonosphéries : le contenu est purement plasmatique; le mouvement d'épanchement est très-lent. Les prolongements émis par les anthéridies s'enfoncent dans les gonosphéries.

Fig. 11. Détails de l'oogone 10 : *a*, *b*, anthéridies dont les prolongements sont dessinés à part.

Fig. 12. Oogone muni d'un grand nombre de gonosphéries.

Fig. 13-15. Détails des prolongements émis par les anthéridies, pour montrer que les rameaux se dirigent, non pas au centre du groupement des gonosphéries, mais vers les gonosphéries elles-mêmes.

(Pour plus de clarté, l'épaisseur de la membrane des anthéridies a été exagérée.)

PLANCHE 2.

Fig. 1-6. *Monoblepharis sphærica* Nobis. — Grossissement : 800 fois, sauf dans la figure 1.

Fig. 1. Port de la plante.

Fig. 2. Oogone en voie de formation.

Fig. 3. Oogone plus âgé : *p*, papille de l'oogone ; *a*, anthéridie.

Fig. 4. Oogone dont la papille s'est dissoute : le contenu s'est rassemblé vers l'orifice ; les anthérozoïdes se disposent à sortir de l'anthéridie *a* ; l'ouverture de cette dernière, située dans un autre plan, n'est pas visible.

Fig. 5. Oogone chez lequel la fécondation est sur le point d'avoir lieu. Les anthérozoïdes s'échappent de l'anthéridie ; deux d'entre eux *f*, *f*, sont fixés sur elle. La gonosphérie est située au milieu de l'oogone. (La pénétration des anthérozoïdes ne fut pas observée.)

Fig. 6. Oogone avec oospore mûre ; l'anthéridie est vide ; *o*, ouverture de l'anthéridie.

Fig. 7-32. *Monoblepharis polymorpha* Nobis.

Fig. 7. Oogone *g*, sur le point de montrer la fécondation ; les anthérozoïdes sont tous sortis, sauf un seul, de l'anthéridie *a*. *o*, orifice de l'oogone ; *k*, partie antérieure claire, tache germinative (*Keimfleck*). — Grossissement : 800 fois.

Fig. 8. Oogone dans le même état que le précédent. — Grossissement : 800 fois. — Mêmes lettres.

Fig. 9. Le même, 10 minutes après. Deux anthérozoïdes *f* se sont fixés sur lui ; la gonosphérie s'est contractée et s'est portée vers la partie supérieure ; la fécondation eut lieu environ un quart d'heure après. — Grossissement : 800 fois.

Fig. 10. Oogone incomplétement ouvert dans lequel se trouve une gonosphérie en état d'être fécondée ; *k*, tache germinative. Les anthérozoïdes rampent à la surface de l'oogone ; *f*, anthérozoïde dont le cil est visible ; *m*, autre dont le cil n'est pas visible parce qu'il se projette sur la gonosphérie, qui est de couleur un peu foncée. — Grossissement : 550 fois.

Fig. 11-17. Mouvement amiboïde d'un même anthérozoïde sur la surface de l'oogone. Changements de forme. — La figure 10 a été dessinée à 10 heures moins 4 minutes.

Fig. 11. 10 heures 37 minutes.

Fig. 12. 38 minutes.

Fig. 13. 38 minutes et demie.

Fig. 14. 39 minutes.

Fig. 15. 40 minutes.

Fig. 16. 41 minutes et demie.

Fig. 17. 44 minutes. (11-17, le grossissement est un peu supérieur à 550 fois.)

Fig. 18. Oogone de la figure 10 à 11 heures 10 minutes. (18-32, grossissement : 550 fois.)

Fig. 19. 11 heures 11 minutes.

Fig. 20. 13 minutes et demie.

Fig. 21. 15 minutes et demie.

Le mouvement des anthérozoïdes se poursuivit jusqu'à 4 heures 20 minutes, et je ne le vis pas s'arrêter ; la préparation se dessécha ultérieurement.

Fig. 22. Oogone intercalaire, forme rare. Il est sur le point d'être fécondé : *k*, tache germinative. Il fut dessiné à 6 heures moins 2 minutes. *f*, anthérozoïde fixé sur lui.

Fig. 23-27. L'anthérozoïde s'épanche sur la gonosphérie.

Fig. 27. 6 heures.

Fig. 28-31. Sortie de la gonosphérie fécondée.

Fig. 28. 6 heures 5 minutes. La gonosphérie commence à s'épancher.

Fig. 29. 8 minutes.

Fig. 30. 10 minutes.

Fig. 31. 13 minutes.

Fig. 32. Le lendemain à midi 38 minutes. Une membrane est nettement visible autour de la gonosphérie définitivement constituée en oospore.

Les figures 1-9 ont été dessinées d'après des échantillons récoltés en avril 1869 à Villeherviers, près de Romorantin (Loir-et-Cher).

Les figures 10-32, d'après des échantillons récoltés dans les étangs du bois de Meudon, en janvier 1870.

PLANCHE 3.

Olpidiopsis gen. nov.

Fig. 1. Filament de *Saprolegnia*, renflé en sphère et contenant des sporanges d'*Olpidiopsis* en voie de développement, au milieu de traînées plasmatiques. — Grossissement : 340 fois.

Fig. 2. Sporanges plus avancés; le plasma, moins abondant, a été en partie absorbé. — Grossissement : 340 fois.

Fig. 3. Filament de la même espèce avec sporanges de grosseur et de forme très-diverses : *a*, s'est vidé déjà; il a un contour sphérique. — Grossissement : 170 fois.

Fig. 4. Sortie des zoospores : *p*, sporanges beaucoup plus petits et moins avancés. — Grossissement : 170 fois.

Fig. 5. Zoospores ayant à peu près la forme normale; *a* surtout. — Grossissement plus considérable.

Fig. 6 et 7. Filaments diversement renflés du même *Saprolegnia*, contenant des sporanges vidés d'*Olpidiopsis* : on peut remarquer les variations de forme et de taille des sporanges, du col de sortie des zoospores etc..... Les figures 1-7 représentent le même parasite sur la même espèce récoltée au Muséum en mars 1869.

Fig. 8. Filament de *Dictyuchus monosporus* Leitgeb, avec sporanges de tailles diverses. L'un d'eux, *a*, émet des zoospores. On voit avec évidence qu'ils ne sont pas tous au même état de développement : *b*, sporange adulte; en *c*, il présente des vacuoles nombreuses et l'aspect écumeux caractéristique; *d*, sporange plus avancé encore.

Fig. 9. Zoospores du sporange de la figure 8 : en *a*, elles ont la forme normale; *b* montre ce qu'elles deviennent lorsqu'elles se sont arrêtées. — Grossissement considérable.

Fig. 10. *Olpidiopsis Saprolegniæ* (A. Br.). *sp*, spore immobile ; *a*, cellule adjacente lisse. — Grossissement : 70 fois.

Fig. 11. *O. Index* Nobis. *sp*, spore immobile à cellule adjacente échinée. — Grossissement : 170 fois.

[Le *Dictyuchus* de la figure 8 fut récolté à Châteauneuf-sur-Loire (Loiret), sur un *Limax* tombé dans l'eau d'une fontaine, en octobre 1871.]

PLANCHE 4.

Fig. 1-4. *Olpidiopsis fusiformis* Nobis. — Grossissement : 140 fois, sauf la figure 4.

Fig. 1. Filament d'*Achlya leucosperma* Nobis, avec jeunes sporanges *s* d'*Olpidiopsis* et une spore immobile *o* encore englobés dans le plasma.

Fig. 2. *Olpidiopsis* un peu plus avancé : le plasma a presque disparu. *o*, spore immobile ; *a*, cellule adjacente.

Fig. 3. Sporanges présentant déjà l'aspect écumeux qui caractérise les Chytridinées parasites des Saprolégniées ; les spores immobiles *o* sont à peu près adultes ; la cellule adjacente *a* ne s'est pas encore vidée de son contenu.

Fig. 4. *o*, spore immobile adulte ; *a*, cellule adjacente lisse ; elle s'est entièrement vidée. Elle est soudée avec deux des dents qui l'entourent étroitement. — Grossissement : 550 fois.

Fig. 5-11. *Olpidiopsis Aphanomycis* Nobis. — Grossissement : 340 fois.

Fig. 5. Formation d'un sporange à l'extrémité d'un rameau renflé. *t*, traînées plasmatiques rayonnantes.

Fig. 6. Sporange un peu plus avancé, développé à la base d'une ramification.

Fig. 7. *a*, sporange solitaire ; *b*, trois sporanges inégaux.

Fig. 8 et 9. Sporanges en divers points des filaments.

Fig. 10 et 11. Sporanges commençant à émettre des tubes de sortie pour les zoospores.

Fig. 12. *Olpidiopsis incrassata* Nobis. *s*, sporange ; *o*, spores immobiles ovales, entourées d'une matière amorphe ; *a*, cellule adjacente (?). — Grossissement : 340 fois.

Fig. 13-18. *Rozella Monoblepharidis polymorphæ* Nobis.

Fig. 13. Filament de *Monoblepharis polymorpha* Nobis. *o*, oogone ovoïde piriforme ; *a*, anthéridie ; *b*, sporange du *Rozella* ; *p*, ouverture laissée par la papille.

Fig. 14. *b*, autres sporanges. Les parois latérales, formées en réalité de deux couches, paraissent, comme dans la figure précédente, n'être formées que d'une seule.

Fig. 15. Spore immobile jeune à paroi encore lisse.

Fig. 16-17. Spores immobiles adultes.

Fig. 18. Spore immobile développée dans un filament renflé excentriquement : ce développement latéral s'exagère et devient normal chez le *Rozella septigena*. (Voyez pl. 6, fig. 17.)

PLANCHE 5.

Fig. 1-9. *Rozella Rhipidii spinosi* Nobis. — Grossissement : 430 fois, sauf dans a figure 3'.

Fig. 1. Jeune sporange ; le plasma du parasite ne se distingue pas dans l'article jeune qu'il remplit déjà probablement.

Fig. 2. Sporange du *Rozella* présentant de nombreuses vacuoles et l'aspect écumeux caractéristique. *p*, papille ; *cl*, cloison mince, formée par la membrane propre du parasite.

Fig. 2'. Autre exemple de cloison mince.

Fig. 3. Même sporange qu'en 2, mais après une heure et demie environ ; sortie des zoospores.

Fig. 3'. Zoospores normales très-fortement grossies.

Fig. 4. Sporange échiné du *Rhipidium spinosum* Nobis, rempli de zoospores du *Rozella*. *cl*, cloison mince.

Fig. 5. Cloison normale des *Rhipidium ;* le canal de l'étranglement s'est un peu rétréci, puis oblitéré par un dépôt de cellulose.

Fig. 6. *a*, sporange vidé du parasite ; *cl*, cloison très-mince ; *i*, globule de plasma, assemblage monstrueux de zoospores soudées. — *b*, sporange échiné du *Rhipidium* contenant une spore immobile *sp* en voie de développement ; *c*, sporange lisse dans le même cas ; *f* et *g* ne présentent pas de cloison.

Fig. 7. Spore immobile en voie de formation ; aucune cloison en *f*.

Fig. 8. Sporange échiné du *Rhipidium* contenant une spore immobile, entourée de l'auréole claire dans laquelle se forment les échinules. *cl*, cloison anormale ; *h*, autre cloison anormale.

Fig. 9. Sporanges échinés avec deux spores immobiles : *a*, en voie de formation ; *b*, spore presque adulte ; *cl*, cloisons anormales.

[Ces figures ont été dessinées d'après des individus récoltés à Châteauneuf-sur-Loire (Loiret), au mois de mars 1871.

Fig. 10-14. *Rozella Apodyæ brachynematis* Nobis. — Grossissement : 550 fois.

Fig. 10. *a*, sporange du parasite presque mûr ; *p*, papille ; *b*, sporange émettant ses zoospores.

Fig. 11. Autre sporange émettant des zoospores.

N. B. — Les zoospores étaient un peu altérées, la plante n'étant pas dans un état très-florissant de vie et de santé.

Fig. 12. Spore jeune à membrane encore lisse. Coupe optique.

Fig. 13. Spore jeune à membrane encore lisse, qui a péri à cet état.

Fig. 14. Spore adulte dans un renflement *a* porté par un autre renflement *b*.

[Les dessins ont été faits d'après des échantillons d'*Apodya brachynema* (Hild.) récoltés en avril 1869 à Villeberviers (Loir-et-Cher).]

PLANCHE 6.

Rozella septigena Nobis.

Fig. 1. Filament d'*Achlya polyandra* Hild. attaqué par le parasite. *a*, *b*, *c*, *d*, *e*, sporanges à divers états. En *m*, la paroi du sporange ne s'est pas soudée avec celle du sporange supérieur, elle est irrégulièrement ondulée. En *a*, les zoospores sont en train de s'échapper; *c*, présente l'aspect écumeux caractéristique. — Grossissement : 170 fois.

Fig. 2. Forme normale des zoospores. — Grossissement : 550 fois environ. — Elles présentent une matière plus dense vers la base du cil; quelquefois elles en présentent également à la portion antérieure de leur masse.

Fig. 3. *a* et *b*, différence de diamètre entre les masses plasmatiques qui vont se changer en zoospores; elles ont été dessinées peu de temps avant leur sortie du sporange. Grossissement : 550 fois.

Fig. 4. Zoospores anormales aussitôt après leur sortie du sporange, elles étaient à peu près inertes. — Grossissement : 860 fois. (Figure dessinée à l'aide d'un objectif à immersion.)

Fig. 5. Sporange vidé du parasite. *o*, *o*, ouvertures laissées par la dissolution de la papille; elles n'ont aucune analogie comme forme et comme situation avec les ouvertures normales des sporanges des *Saprolegnia* ou des *Achlya*: la même remarque pourrait se faire à propos des figures 6 et 7. — Grossissement: 170 fois.

Fig. 6. Filament de *Saprolegnia* montrant les ouvertures *o* par lesquelles sont sorties les zoospores du *Rozella*. — Grossissement : 170 fois.

Fig. 7. Sporange du parasite avec les deux papilles de sortie *p*, *p*, non encore dissoutes : la membrane peut se dédoubler aux environs de ces deux points, mais non sur toute la longueur de la double paroi. Le sporange paraissait altéré.

Fig. 8. Sporanges intercalaires. *a* émet ses zoospores, l'ouverture n'est pas visible sur le contour; *b*, sporange très-jeune dont le plasma est rempli par les premières vacuoles; *m*, cloison oblique. — Grossissement : 340 fois.

Fig. 9. *a*, sporange à deux lobes, *u* et *v*, séparés par un étranglement; les zoospores s'y sont cependant développées et se sont en partie échappées par une ouverture non placée sur le contour; *u*, paroi irrégulièrement formée; *b*, sporange très-jeune rempli par un plasma sans granules; il est presque entièrement occupé par une énorme vacuole; *c*, sporange qui s'est vidé par l'ouverture *o*. — Grossissement : 340 fois.

Fig. 10. Filament de *Saprolegnia spiralis* Nobis. *x*, *y*, *z*, cloisons très-nettes des sporanges *a*, *b*, *c*, qui sont définitivement formés; *u*, *v*, *x*, futures cloisons (?) dans l'intérieur de la cellule *ā*; *p*, *p*, *p*, trois papilles correspondant à ces trois (?) nouveaux sporanges. — Grossissement : 340 fois.

Fig. 11. Filament de *S. spiralis*, accru au travers d'un sporange vidé dont les parois sont visibles en π, π', π'', et terminé par un jeune oogone *a*. *a*, *b*, *c*, *d*, sporanges jeunes; *p*, papille du sporange *a*. Noter l'aspect écumeux du sporange *d*. — Grossissement : 340 fois.

Fig. 12. Filament de *S. spiralis*. *a*, sporange muni d'une papille *p*; *b*, sporange très-jeune; *r*, *s*, cloisons véritables; *pl*, traînée plasmatique. — Grossissement : 340 fois.

Fig. 13. Filament d'*A. polyandra* Hild., premier état du *Rozella*. *l*, grande vacuole. Grossissement : 140 fois.

Fig. 14. Le même filament le jour suivant; le contour n'est pas tout à fait le même parce qu'il n'a pas été vu du même côté. La vacuole *l* a disparu. Le lendemain il avait émis ses zoospores.

Fig. 15. Spores immobiles du *Rozella* sur un filament de *S. spiralis* présentant en outre des sporanges qui n'ont pas tous émis leurs zoospores. *o*, ouvertures de ces sporanges; les renflements simulent des oogones; *r* et *s* ne sont pas munis de cloisons.

Fig. 16. Filament de *S. spiralis* présentant des spores immobiles de *Rozella* non encore adultes. *a*, spore dont la membrane est encore lisse et entourée d'une auréole qui se relie aux parois par des traînées plasmatiques; *b*, spore plus avancée, les échinules commencent à apparaître dans la substance de l'auréole; les traînées sont plus grêles; *m*, cloison accidentelle. Ces renflements ne sont pas perforés comme les oogones du *Saprolegnia*. — Grossissement : 340 fois.

Fig. 17. Filament du *S. spiralis* avec spores immobiles. En *a*, l'auréole est encore visible, quoique les échinules soient formées définitivement; en *b*, elle a pour ainsi dire disparu. De ces deux renflements, l'un est muni d'une cloison outeuse *n*; l'autre communique avec la cellule *f* fermée par deux cloisons; *g*, sporange très-jeune, muni de sa papille *p*, montrant le rapport des deux sortes de formations. — Grossissement : 340 fois.

[Les figures 2, 8-15, ont été dessinées d'après des individus attaqués, végétant sur du biscuit de munition jeté dans un bassin à l'École normale supérieure à Paris (avril 1871). Le filament de la figure 1 végétait sur un *Helix* mort, récolté dans la même localité et qui nourrissait les mêmes espèces : *Saprolegnia spiralis* Nobis et *Achlya polyandra* Hild.

Les figures 3-7 représentent des filaments qui végétaient sur des branches récoltées dans l'étang Vert, en décembre 1869, dans le bois de Meudon, près de Chaville (Seine-et-Oise).]

PLANCHE 7.

Woronina polycystis Nob s

Fig. 1-6. Premier développement des sores.

Fig. 1. Accumulation du plasma à l'extrémité d'un filament. Aucune membrane n'existe encore.

Fig. 2. Une membrane est visible en *p*; la partie inférieure du plasma est encore libre dans le filament.

Fig. 3. Deux cellules se sont formées : l'inférieure *b* est moins riche en plasma que la supérieure *a*; *m*, méat intercellulaire, au point de rencontre des trois membranes.

Fig. 4. Trois cellules sont formées : *a*, *b*, *c*. La paroi inférieure *p* de la dernière *c* présente une irrégularité.

[Les filaments des figures 1-4 appartiennent au *Saprolegnia spiralis*.]

Fig. 5. Deux cellules se sont formées, *a* et *b*.

Fig. 6. Le même filament, le lendemain. La cellule *a* s'est un peu modifiée; le contenu de *b* s'est contracté en sphérules encore engagées un peu dans le plasma logé entre elles; la cellule *c*, dont il n'y avait pas trace la veille, présente des sporanges entièrement développés; les sphérules sont plus nettes qu'en *b*; le sore est presque mûr.

Fig. 7. Portion de la cellule *b* de la figure précédente. *c* s'était vidé; *a* ne s'était pas transformé en sphérules. Les zoospores sont déjà séparées; les sporanges sont polyédriques par pression. *s*, tube de sortie de la sphérule *α* (ou papille de la membrane générale du sore). — Grossissement : 340 fois.

[Les figures 5 et 6 proviennent du même filament d'*Achlya polyandra* Hild. S'il ne présente pas le même contour dans les deux figures, cela tient à ce qu'il n'est pas vu du même côté.]

Fig. 8. Sore adulte. *s*, *s*, sphérules avec tube de sortie pour les zoospores; *s'*, tube aplati contre la membrane; les autres sporanges ne présentent aucun changement de forme. — Grossissement : 340 fois.

Fig. 9. Filament d'*Achlya polyandra* avec sores à divers états. *a*, sporanges en partie vidés; il reste quelques granules oléagineux du plasma initial, qui ne s'est pas transformé; *b*, *c*, *d*, sporanges imparfaitement formés. Tous ces sores sont désarticulés en partie, mais adhèrent encore les uns aux autres. *l*, portion de la paroi propre de l'*Achlya*. C'est cette paroi, qui, n'étant pas partout rompue, les retient encore ensemble. — Grossissement : 140 fois.

Fig. 10. *a*, sore développé dans un renflement terminal du *Sapr. spiralis*; *b*, futur sore; *o*, ouverture dans la paroi.

Fig. 11, 12, 13. Plans successifs des sphérules; il n'y a que *l*, *m* et *n* qui portent de ouvertures visibles. — Grossissement : 340 fois.

Fig. 14. Spore immobile de taille moyenne. Grossissement : 340 fois.

Fig. 15. Filament d'*Achlya racemosa* Hild. muni d'oogones et d'anthéridies, renfermant en outre trois spores immobiles du *Woronina*. *a*, cellule dans laquelle la spore immobile ne s'est pas développée. Les oogones *ω* et leurs oospores ont péri sous l'influence du parasite. — Grossissement : 140 fois.

Fig. 16. Filaments avec sore *a*, et spore immobile adulte *b*; *c*, cellule qui doit donner naissance à une spore immobile; *p*, ouvertures de la membrane générale par où le sore s'est vidé. — Grossissement : 140 fois.

Fig. 17. Deux sores *a* et *b*; deux spores immobiles *c* et *d*; *p*, ouverture de la membrane du sore. — Grossissement : 140 fois.

Fig. 18. Filament avec quatre spores immobiles. *a* et *b* ne sont qu'indiquées pour permettre de placer la figure précédente; *c*, spore adulte; *d*, spore en voie de ormation. — Grossissement : 140 fois.

Fig. 19. Spore immobile en voie de formation : une cloison se trouvait au-dessous

renflement, à une distance égale à environ à huit fois le diamètre de ce dernier. — Grossissement : 140 fois.

[Les figures 15-19 représentent des filaments d'*Achlya racemosa* Hild.]

Fig. 20-22. *Chytridium glomeratum* Nobis.

Fig. 20. Filament de *Vaucheria*. *a*, premier état du parasite : les globules qui représentent les jeunes spores sont indistincts ; *b*, jeunes spores à membrane déjà formée, mais encore lisse. — Grossissement : 140 fois.

Fig. 21. *c*, spores immobiles adultes. — Grossissement : 140 fois.

Fig. 22. Spores adultes plus fortement grossies. *a*, coupe optique ; *b*, formes diverses des spores et crêtes qu'elles présentent. — Grossissement : 550 fois.

[Les figures 1-7 et 9-13 ont été dessinées d'après des individus végétant sur du biscuit de munition jeté dans un bassin de l'École normale supérieure à Paris (avril-mai 1871). Le filament de la figure 8 végétait sur un *Helix* mort, récolté dans la même localité et qui nourrissait les mêmes espèces : *Saprolegnia spiralis* Nobis et *Achlya polyandra* Hild.

Les figures 14-19 représentent un *Achlya racemosa* Hild. attaqué, récolté dans l'eau d'anciennes marnières à Longueville, près de Romorantin (Loir-et-Cher), en juin 1871.

Les figures 20 et 21 sont faites d'après des filaments de *Vaucheria terrestris* et *sessilis* récoltés sur de la terre humide, à Châteauneuf-sur-Loire (Loiret), en mai 1871.]

Vu et approuvé, le 9 janvier 1872.

Le doyen de la Faculté des sciences,

MILNE EDWARDS.

Vu et permis d'imprimer, le 9 janvier 1872.

Le vice-recteur de l'Académie de Paris,

A. MOURIER.

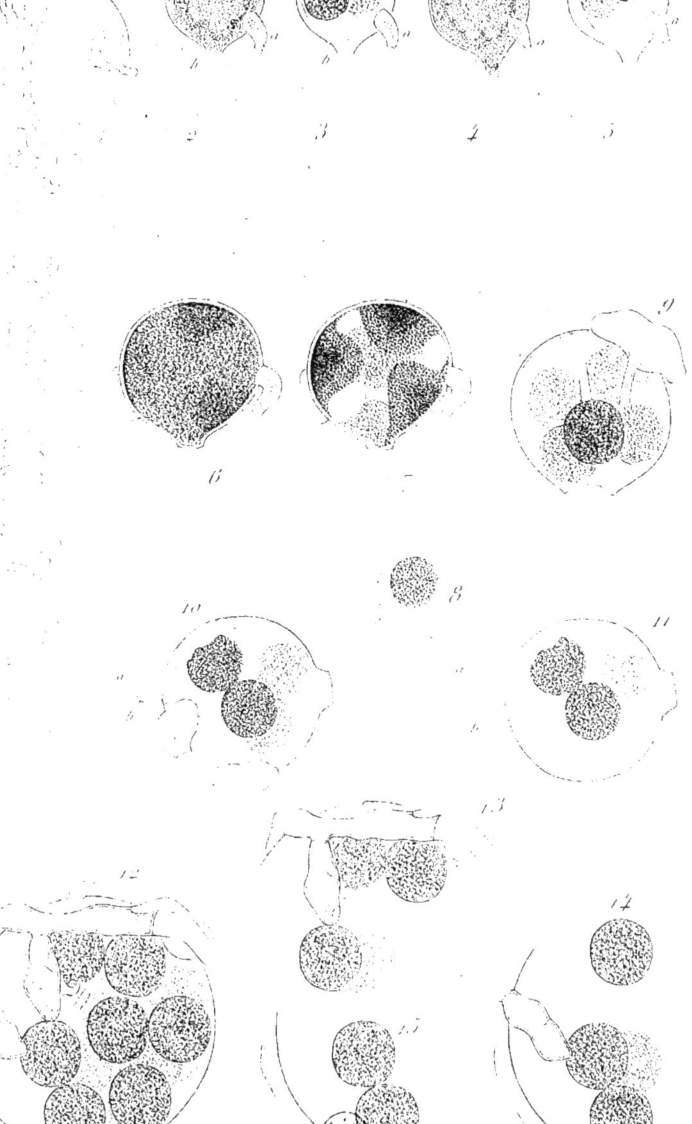

Max. Cornu del. Picart sc.

Saprolégniées. Fécondation.

1. Achlya polyandra Hild. 2-8. A. racemosa Hild.

10-15. A. contorta sp. nova.

Imp. A. Salmon, r. Vieille Estrapade 15, Paris.

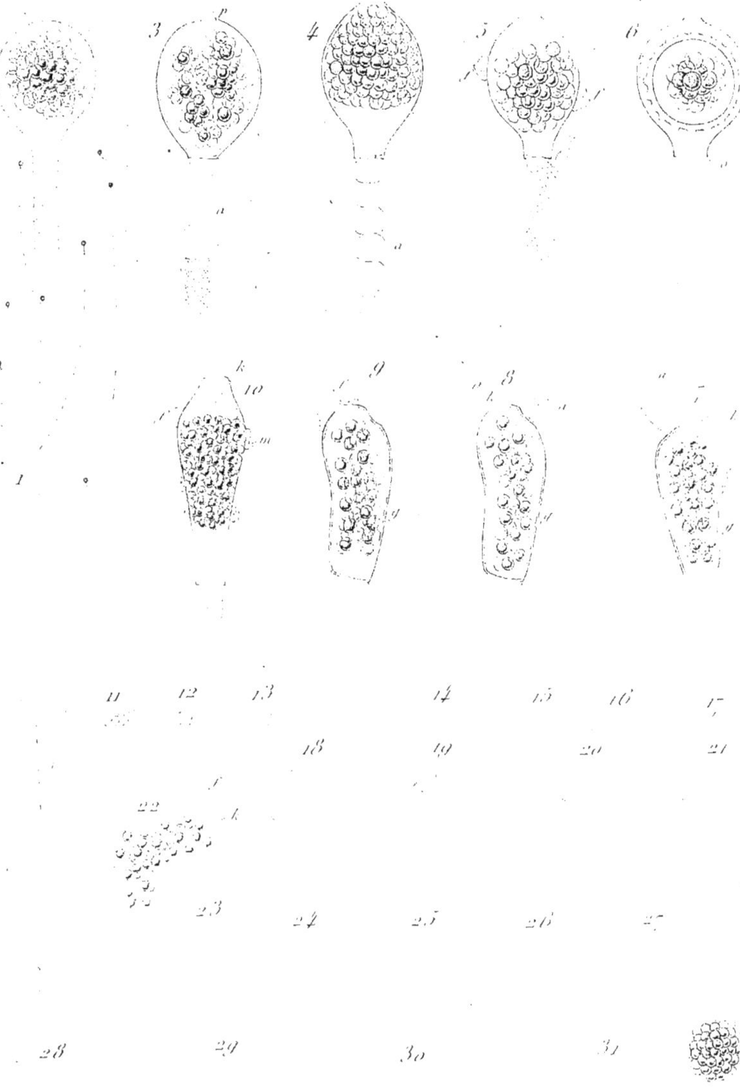

Max. Cornu del. Picart sc.

Saprolégniées. Fécondation.
Monoblepharis, gen. nov. 1–6 M. sphærica.
7–32 M. polymorpha.

Imp. A. Salmon, r. Vieille Estrapade, 15, Paris.

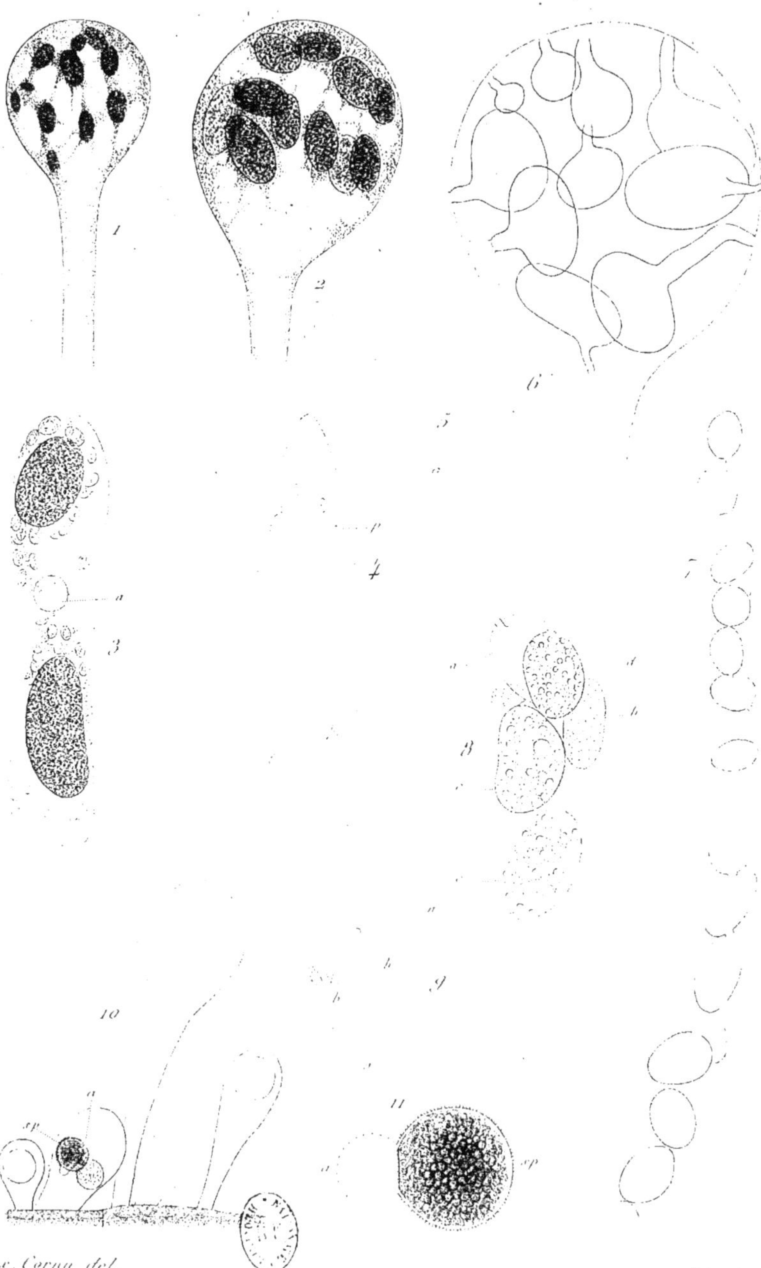

Max. Cornu del. Picart sc.

Parasites des Saprolégniées.

1-9 Olpidiopsis gen. nov. 10. O. Saprolegniæ (A. Br.) 11. O. Index.

Imp. A. Salmon, r. Vieille Estrapade 15. Paris.

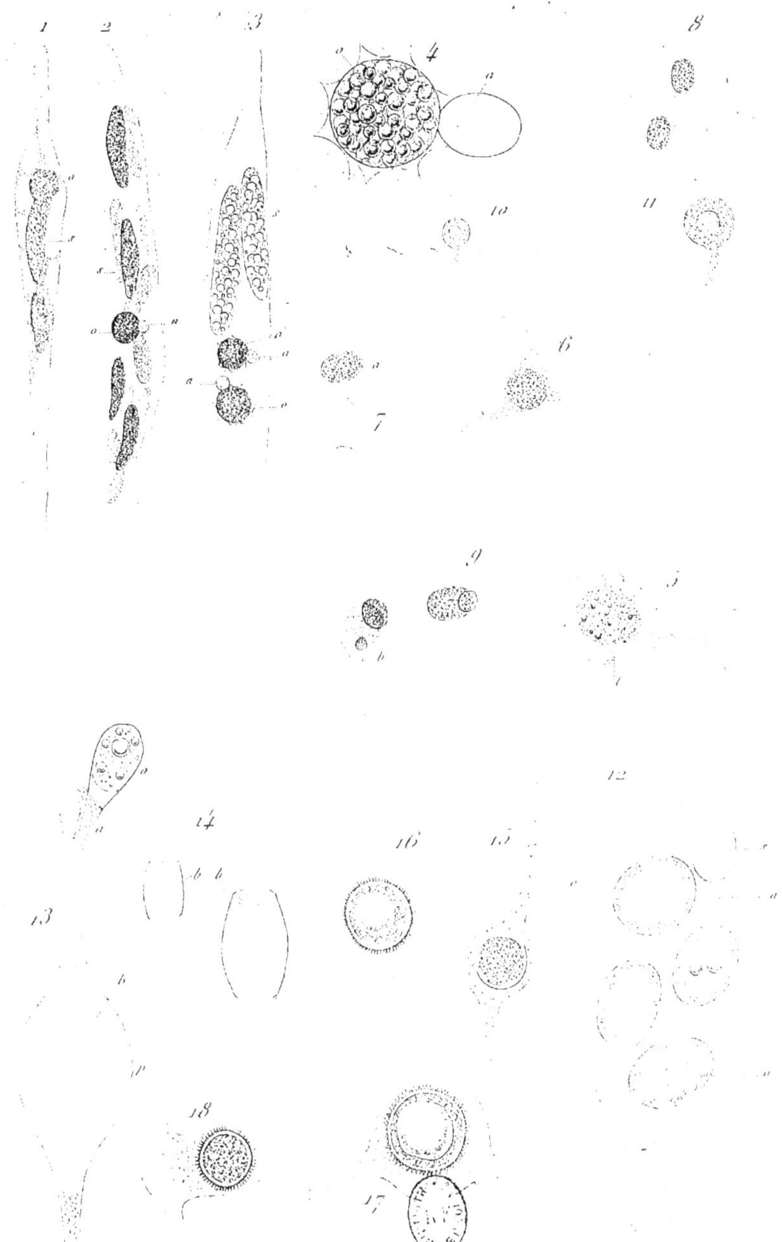

Mar. Cornu del. Picart sc.

Parasites des Saprolégniées

1-4 Olpidiopsis fusiformis. 5-11 O. Aphanomycis.
12 O. incrassata. 13-18 Rozella (gen. nov.) Monoblepharidis.

Imp. A. Salmon, r. Vieille Estrapade, 15, Paris

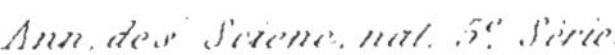

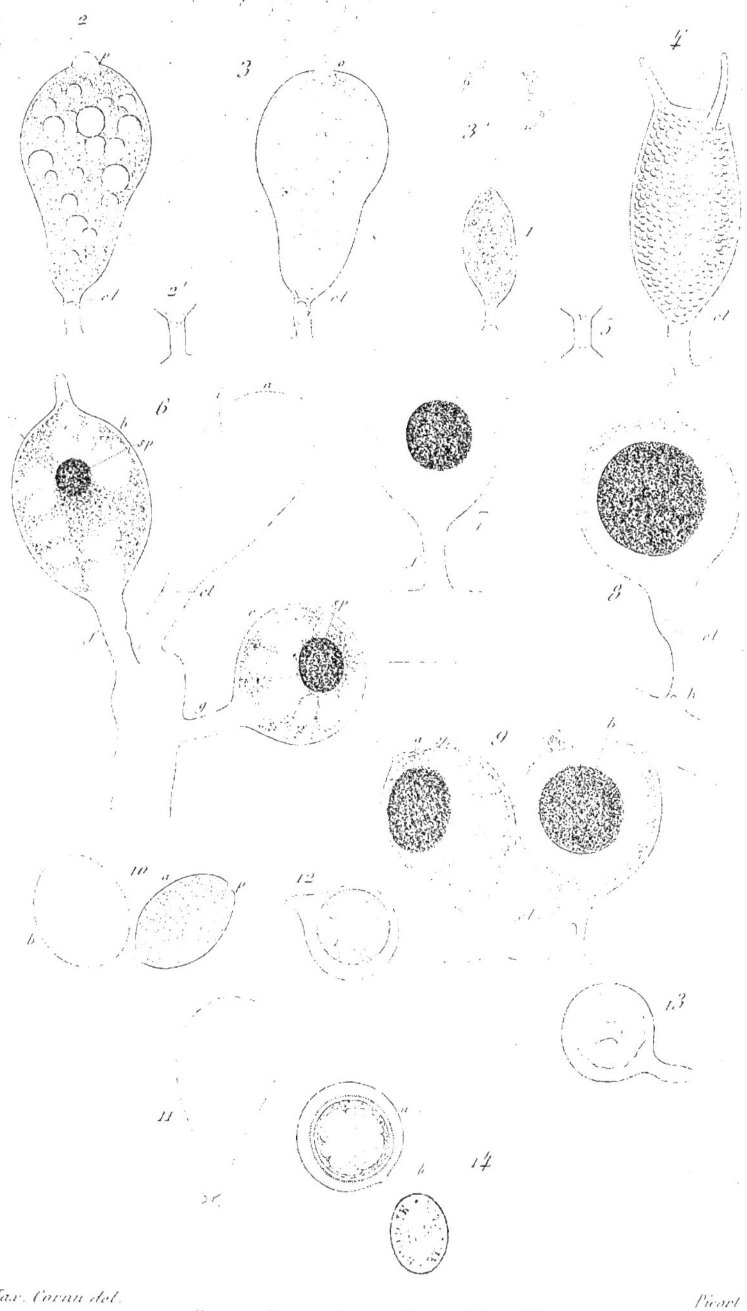

Max. Cornu del. Picart sc.

Parasites des Saprolégniées.

1-9 Rozella Rhipidii. 10-14 R. Apodyæ.

Imp. A. Salmon r. Vieille Estrapade, 15, Paris.

Max. Cornu del. Picart sc.

Parasites des Saprolégniées
Roxella septigena.

Imp. A. Salmon, r. Vieille Estrapade, 15, Paris.

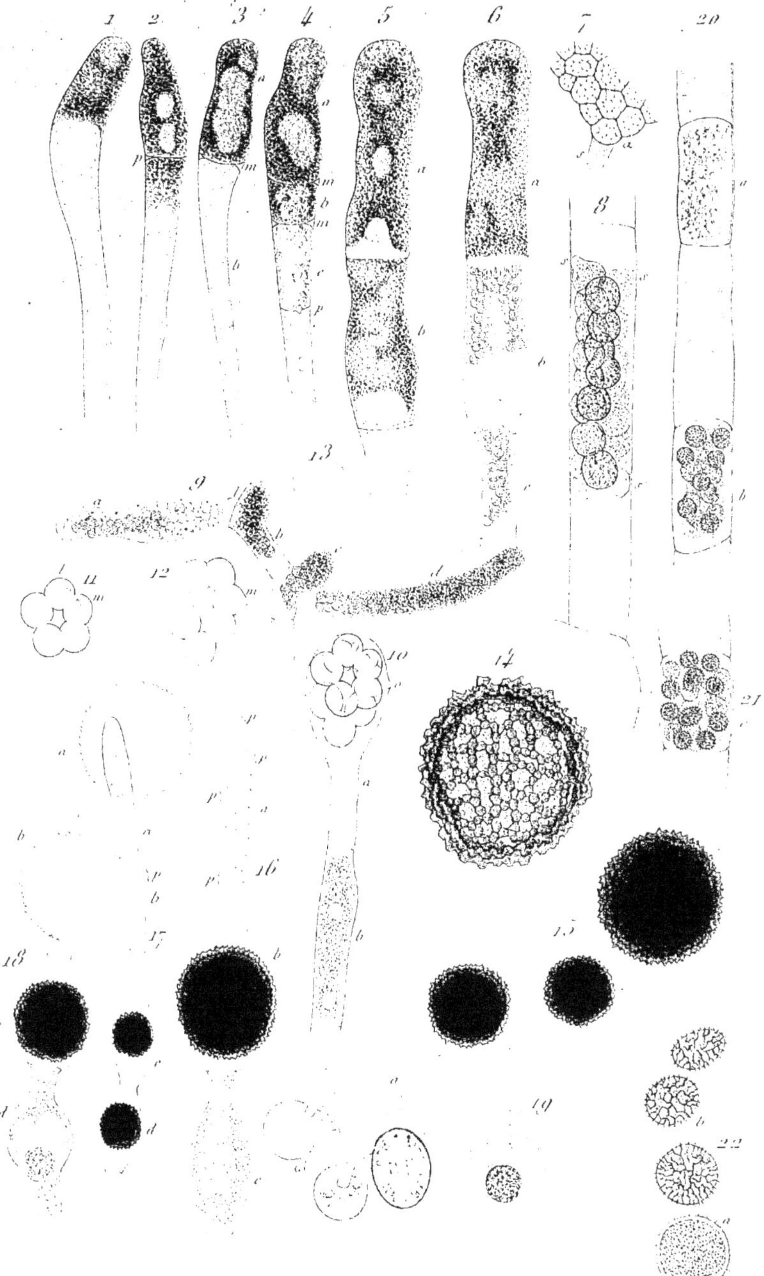

Max. Cornu del. Picart sc.

Parasites des Saprolégniées.
Woronina (gen. nov.) polycystis.

Imp. A. Salmon, r. Vieille Estrapade, 15, Paris.

DEUXIÈME THÈSE

PROPOSITIONS DONNÉES PAR LA FACULTÉ

1° Des générations alternantes.

2° Caractères du terrain carbonifère et sa distribution en Europe.

Vu et approuvé, le 9 janvier 1872.

Le doyen de la Faculté des sciences,

MILNE EDWARDS.

Permis d'imprimer, le 9 janvier 1872.

Le vice-recteur de l'Académie de Paris,

A. MOURIER.

Paris. — Imprimerie de E. MARTINET, rue Mignon, 2.

www.ingramcontent.com/pod-product-compliance
Ingram Content Group UK Ltd.
Pitfield, Milton Keynes, MK11 3LW, UK
UKHW012211240726
13966UKWH00002B/698

9 782011 930798